消防工程系列丛书

建筑防火材料及其应用要点

本书编委会 编

中国建筑工业出版社

图书在版编目（CIP）数据

建筑防火材料及其应用要点/本书编委会编. —北京：中国建筑工业出版社，2016.3
（消防工程系列丛书）
ISBN 978-7-112-18962-5

Ⅰ.①建… Ⅱ.①本… Ⅲ.①建筑材料-防火材料 Ⅳ.①TU545

中国版本图书馆 CIP 数据核字（2016）第 004911 号

本书采用"要点"体例进行编写，较为系统地介绍了建筑防火材料及其应用应掌握的基础知识。全书共分为六章，内容主要包括：材料燃烧与阻燃基础、建筑防火板材及应用、建筑防火涂料及应用、建筑防火玻璃及应用、建筑防火封堵材料及应用、建筑材料燃烧性能和耐火性能等。内容翔实，体系严谨，简要明确，实用性强。本书可供建筑设计人员、建筑施工技术人员、监理人员、消防专业相关人员以及建筑材料专业的师生参考使用。

* * *

责任编辑：张　磊
责任设计：董建平
责任校对：陈晶晶　姜小莲

消防工程系列丛书
建筑防火材料及其应用要点
本书编委会　编

*

中国建筑工业出版社出版、发行（北京西郊百万庄）
各地新华书店、建筑书店经销
北京科地亚盟排版公司制版
北京建筑工业印刷厂印刷

*

开本：787×1092 毫米　1/16　印张：10　字数：245 千字
2016 年 5 月第一版　2016 年 5 月第一次印刷
定价：**28.00** 元
ISBN 978-7-112-18962-5
（28067）

本书编委会

主　编　郭树林　许佳华

参　编　石敬炜　陈　达　陈国平　李朝辉

　　　　夏新明　王　昉　闫立成　陈占林

　　　　线大伟　相振国　张　松　张　彤

前　言

近年来，由于经济飞速发展，建筑行业的发展也日新月异，高楼大厦随处可见，随之而来的是消防安全问题。防火建筑材料直接影响到人民的生命财产安全，是能否保证建筑本身安全的重要因素。必须掌握各种建筑防火材料的基本性质和用途才能保证建筑物的消防安全性，还要保证防火建筑材料的选用科学合理，才能最大程度地防止发生火灾的可能。所以，纷繁多样的新型建筑防火材料如雨后春笋般出现。基于此，我们组织编写了此书。

本书根据现行最新规范《建筑设计防火规范》(GB 50016—2014)、《建筑材料及制品燃烧性能分级》(GB 8624—2012)、《电缆防火涂料》(GB 28374—2012)、《混凝土结构防火涂料》(GB 28375—2012)、《建筑材料不燃性试验方法》(GB/T 5464—2010)、《建筑用安全玻璃　第 1 部分：防火玻璃》(GB 15763.1—2009)及工作实际需求编写。共分为六章，内容主要包括：材料燃烧与阻燃基础、建筑防火板材及应用、建筑防火涂料及应用、建筑防火玻璃及应用、建筑防火封堵材料及应用、建筑材料燃烧性能和耐火性能等。

本书采用"要点"体例进行编写，较为系统地介绍了建筑防火材料及其应用应掌握的基础知识，内容翔实，体系严谨，简要明确，实用性强，可供建筑设计人员、建筑施工技术人员、监理人员、消防专业相关人员以及建筑材料专业的师生参考使用。

由于编者的经验和学识有限，尽管尽心尽力编写，但内容难免有疏漏、错误之处，敬请广大专家、学者批评指正。

目　　录

第一章　材料燃烧与阻燃基础

第一节　材料燃烧本质及条件

要点 1：燃烧的概念

大量的科学实验证明，燃烧是可燃物与氧化剂作用发生的放热反应，通常伴有火焰、发光和（或）发烟的现象。

燃烧属于一种化学反应，物质在燃烧前后本质发生了变化，生成了与原来完全不同的物质。燃烧不仅在氧存在时可以发生，在其他氧化剂中也可以发生，甚至燃烧得更加激烈。例如，氢气与氯气混合见光即爆炸。燃烧反应通常具有以下三个特征：

（1）通过化学反应生成了与原来完全不同的新物质。物质在燃烧前后性质产生了根本变化，生成了与原来完全不同的新物质。化学反应为这个反应的本质。如：木材燃烧后生成木炭、灰烬以及 CO_2 和 H_2O（水蒸气）。但并不是所有的化学反应都为燃烧，比如生石灰遇水：

$$CaO + H_2O \longrightarrow Ca(OH)_2 + 热量$$

可见，生石灰遇水是化学反应并放热，这种热可以成为一种着火源，但它本身并不是燃烧。

（2）放热。凡是燃烧反应都有热量产生。这是因为燃烧反应都是氧化还原反应。氧化还原反应在进行时总是有旧键的断裂与新键的生成，断键时要吸收能量，成键时又会放出能量。在燃烧反应中，断键时吸收的能量要比成键时放出的能量少，所以燃烧反应均为放热反应。但是，并不是所有的放热都是燃烧。如在日常生活中，电炉电灯既能够发光又可放热，但断电之后，电阻丝仍然是电阻丝，它们都没有化学变化，因此它并不属于燃烧。

（3）发光和（或）发烟。大多数燃烧现象伴有光和烟的现象，但也有少数燃烧只发烟而无光。燃烧发光的主要是因为燃烧时火焰中有白炽的碳粒等固体粒子以及某些不稳定（或受激发）的中间物质的生成所致。

要点 2：燃烧的分类

任何事物的分类都必须有一定的前提条件。不同的前提条件具有不同的分类方法，不同的分类方法会有不同的分类结果。燃烧的分类也是如此，按照不同的前提条件通常有以下几种。

1. 按引燃方式分

燃烧按引燃方式的不同可分为点燃与自燃两种：

（1）点燃指通过外部的激发能源引起的燃烧。也就是火源接近可燃物质，局部开始燃烧，然后进行传播的燃烧现象。物质由外界引燃源的作用而引发燃烧的最低温度称为引燃温度，用摄氏度（℃）表示。点燃按引燃方式的不同又可分为局部引燃与整体引燃两种。如人们用打火机点燃烟头，用电打火点燃灶具燃气等均属于局部引燃；而熬炼沥青、石蜡、松香等易熔固体时温度超过了引燃温度的燃烧就是整体引燃。这里还需要说明一点，有人将因为加热、烘烤、熬炼、热处理或者由于摩擦热、辐射热、压缩热、化学反应热的作用而引起的燃烧划为受热自燃，实际这是不对的，因为它们虽然不是靠明火的直接作用而造成的燃烧，但它仍然是靠外界的热源造成的，而外界的热源本身就是一个引燃源，所以仍应属于点燃。

（2）自燃指在没有外界着火源作用的条件下，物质靠本身内部的一系列物理、化学变化而发生的自动燃烧现象。其特点是依靠物质本身内部的变化提供能量。物质发生自燃的最低温度称为自燃点，也用"℃"表示。

2. 按燃烧时可燃物的状态分

按燃烧时可燃物所呈现的状态可分为气相燃烧与固相燃烧两种。可燃物的燃烧状态并不是指可燃物燃烧前的状态，而是指燃烧时的状态。例如乙醇在燃烧前为液体状态，在燃烧时乙醇转化为蒸气，其状态为气相：

（1）气相燃烧指燃烧时可燃物和氧化剂均为气相的燃烧。气相燃烧是一种常见的燃烧形式，如汽油、酒精、丙烷、蜡烛等的燃烧都是气相燃烧。实质上，凡是有火焰的燃烧均为气相燃烧。

（2）固相燃烧指燃烧进行时可燃物为固相的燃烧。固相燃烧又叫做表面燃烧。如木炭、镁条、焦炭的燃烧就是固相燃烧。只有固体可燃物才能发生此类燃烧，但并不是所有固体的燃烧都为固相燃烧，对在燃烧时分解、熔化、蒸发的固体，都不属于固相燃烧，仍是气相燃烧。

3. 按燃烧现象分

燃烧按照现象的不同可分为着火、阴燃、闪燃、爆炸四种。

（1）着火简称火，指以释放热量并伴有烟或火焰或两者兼有为特征的燃烧现象。着火是经常见到的一种燃烧现象，例如木材燃烧、油类燃烧、烧饭用煤火炉、煤气的燃烧等都属于此类燃烧。其特点是：一般可燃物燃烧需要火源引燃；再就是可燃物一旦点燃，在外界因素不影响的情况下，可持续燃烧下去，直到将可燃物烧完为止。任何可燃物的燃烧都需要一个最低的温度，这个温度称之为引燃温度。可燃物不同，引燃温度也不同。

（2）阴燃是指物质无可见光的缓慢燃烧，通常产生烟和温度升高的迹象。阴燃是可燃固体因为供氧不足而发生的一种缓慢的氧化反应，其特点是有烟而无火焰。

（3）闪燃指可燃液体表面上蒸发的可燃蒸气遇火源产生的一闪即灭的燃烧现象。闪燃是液体燃烧独有的一种燃烧现象，但是少数可燃固体在燃烧时也有这种现象。

（4）爆炸是指由于物质急剧氧化或分解反应，产生温度、压力增加或两者同时增加的现象。爆炸按其燃烧速度传播的快慢分为爆燃与爆轰两种：燃烧以亚音速传播的爆炸为爆燃；燃烧以冲击波为特征，以超音速传播的爆炸为爆轰。

要点3：燃烧的本质

链锁反应理论认为燃烧是一种游离基的链锁反应，是目前被广泛承认并且比较成熟的一种解释气相燃烧机理的燃烧理论。链锁反应又称为链式反应，它是由一个单独分子游离基的变化而引起一连串分子变化的化学反应。游离基也叫做自由基，是化合物或单质分子在外界的影响下分裂而成的含有不成对价电子的原子或原子团，是一种高度活泼的化学基团，一旦生成即诱发其他分子一个接一个地快速分解，生成大量新的游离基，从而形成了更快、更大的蔓延、扩张、循环传递的链锁反应过程，直至不再产生新的游离基。但是若在燃烧过程中介入抑制剂抑制游离基的产生，链锁反应就会中断，燃烧也会停止。

链锁反应包括链引发、链传递、链终止三个阶段。自由基如果和器壁碰撞形成稳定分子，或两个自由基与第三个惰性分子相撞后失去能量而变成稳定分子，则链锁反应终止。链锁反应还按链传递的特点不同，分为单链反应与支链反应两种。

链锁反应的终止，除器壁销毁和气相销毁外，还可向反应中加入抑制剂。如现代灭火剂中的干粉和卤代烷等，均属于抑制型的化学灭火剂。

综上所述，可燃物质的多数燃烧反应不是直接发生的，而是经过一系列复杂的中间阶段，不是氧化整个分子，而是氧化链锁反应中的自由基、游离基的链锁反应，将燃烧的氧化还原反应展开，进一步揭示了有焰燃烧氧化还原反应的过程。从链锁反应的三个阶段可知：链引发要依靠外界提供能量；链传递能够在瞬间自动地连续不断地进行；链终止则只要销毁一个游离基，就等于切断了一个链，就可以终止链的传递。

要点4：燃烧的要素

燃烧的要素是指制约燃烧发生和发展变化的内部因素。从燃烧的本质可知，制约燃烧发生和发展变化的内部因素包括两个。

1. 可燃物

通常所说的可燃物，是指在标准状态下的空气中可以燃烧的物质。如木材、棉花、酒精、汽油、甲烷、氢气等都是可燃物。

可燃物大部分为有机物，少部分为无机物。有机物大部分均含有C、H、O等元素，有的还含有少量的S、P、N等。可燃物在燃烧反应中均为还原剂，是不可缺少的一个要素，是燃烧得以产生的内因，没有可燃物的燃烧，燃烧也无从谈起。

2. 氧化剂

氧化剂指处于高氧化态，具有强氧化性，与可燃物质相结合能够引发燃烧的物质。它是燃烧得以发生的必需的要素，否则燃烧就不能发生。氧化剂的种类较多，按其状态可分为如下类型：

（1）气体，如氧气、氯气、氟气等，均为气体氧化剂，都是能够与可燃物发生剧烈氧化还原反应的物质。

（2）液体或固体化合物，包括硝酸盐类如硝酸钾、硝酸锂等，氯的含氧酸及其盐类如高氯酸、氯酸钾等，高锰酸盐类如高锰酸钾、高锰酸钠等，过氧化物类如过氧化钠、过氧化钾等。

要点 5：燃烧的必要条件

物质燃烧过程的发生和发展，必须具备以下三个必要条件，即：可燃物、氧化剂和温度（引火源）。只有这三个条件同时具备，才可能发生燃烧现象，无论哪一个条件不满足，燃烧都不能发生。但是，并不是上述三个条件同时存在，就一定会发生燃烧现象，还必须这三个因素相互作用才能发生燃烧。

用燃烧三角形（图 1-1）来表示无焰燃烧的基本条件是非常确切的，但是进一步研究表明，对有焰燃烧，由于过程中存在未受抑制的游离基（自由基）作中间体，因而燃烧三角形需要增加一个坐标，形成四面体（图 1-2）。自由基是一种高度活泼的化学基团，能与其他的自由基和分子起反应，从而使燃烧按链式反应扩展，所以有焰燃烧的发生需要四个必要条件，即：可燃物、氧化剂、温度（引火源）和未受抑制的链式反应。

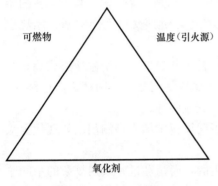

图 1-1　燃烧三角形

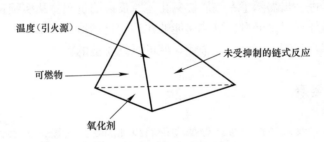

图 1-2　燃烧四面体

1. 可燃物

凡是能与空气中的氧或其他氧化剂发生燃烧化学反应的物质称为可燃物。可燃物按其物理状态分为气体可燃物、液体可燃物和固体可燃物三种类别。可燃烧物质大多是含碳和氢的化合物，某些金属如钙、镁、铝等在某些条件下也可以燃烧，还有许多物质如肼、臭氧等在高温下可以通过自己的分解而放出光和热。

2. 氧化剂

支持和帮助可燃物燃烧的物质，即能与可燃物发生氧化反应的物质称为氧化剂。燃烧过程中的氧化剂主要是空气中游离的氧，另外如氟、氯等也可以作为燃烧反应的氧化剂。

3. 温度（引火源）

凡是能够引起物质燃烧的点燃能源，统称为引火源。在一定情况下，各种不同可燃物发生燃烧，都有本身固定的最小点火能量要求，只有达到一定能量才能引起燃烧。常见的引火源有以下几种：

（1）明火：明火是指生产、生活中的炉火、焊接火、烛火、吸烟火，撞击、摩擦打火，机动车辆排气管火星及飞火等。

（2）电弧、电火花：电弧、电火花指的是电气设备、电气线路、电气开关及漏电打火，电话、手机等通信工具火花，静电火花（物体静电放电、人体衣物静电打火以及人体积聚静电对物体放电打火）等。

（3）雷击：雷击瞬间高压放电能够引燃任何可燃物。

（4）高温：高温指的是高温加热、烘烤、积热不散、机械设备故障发热、摩擦发热、聚焦发热等。

（5）自燃引火源：自燃引火源指的是在既无明火又无外来热源的情况下，物质本身自行发热、燃烧起火，如钾、钠等金属遇水着火；白磷、烷基铝在空气中会自行起火；易燃、可燃物质与氧化剂及过氧化物接触起火等。

4. 链式反应

有焰燃烧都存在链式反应。当某种可燃物受热，它不仅会汽化，而且该可燃物的分子还会发生热裂解作用从而产生自由基。自由基是一种高度活泼的化学形态，能与其他的自由基和分子反应，而使燃烧持续进行下去，这就是燃烧的链式反应。

要点6：燃烧的充分条件

燃烧的充分条件有以下四方面：

1. 一定的可燃物浓度

可燃气体或蒸气只有达到一定有浓度，才会发生燃烧或爆炸。

2. 一定的氧气含量

可燃物发生燃烧需要有一个最低氧含量要求，低于这一浓度，燃烧就不会发生。

3. 一定的点火能量

不管何种形式的引火源，都必须达到一定的强度才能引起燃烧反应。

引火源的强度取决于可燃物质的最小点火能量即引燃温度，低于这一能量，燃烧就不会发生。

4. 相互作用

燃烧不仅需具备必要和充分条件，而且还必须使燃烧条件相互结合、相互作用，燃烧才会发生或持续。

要点7：影响燃烧的因素

可燃物能否发生燃烧，除了必须满足上述两个必要条件之外，还受如下因素的影响。

1. 温度

温度升高会使可燃物与氧化剂分子之间的碰撞几率增加，反应速度变快，燃烧范围变宽。

2. 压力

由化学动力学可知，反应物的压力增加，反应速度就加快。这是因为压力增加相反的会使反应物的浓度增大，单位体积中的分子就更为密集，所以单位时间内分子碰撞总数就会增大，这就导致了反应速度的加快。如果是可燃物与氧化剂的燃烧反应，则可使可燃物的爆炸上限升高，燃烧范围变宽，引燃温度与闪点降低。如煤油的自燃点，在 0.1MPa 下为 460℃，0.5MPa 下为 330℃，1MPa 下为 250℃，1.5MPa 下为 220℃，2.0MPa 下为 210℃，2.5MPa 下为 200℃。但如果将压力降低，气态可燃物的爆炸浓度范围会随之变窄，当压力降到一定值时，由于分子之间间距增大，碰撞几率减少，最终使燃烧的火焰无法传播。这时爆炸上限与下限合为一点，压力再下降，可燃气体和蒸汽便不会再燃烧。我们称这一压力为临界压力。

3. 惰性介质

气体混合物中惰性介质的增加可使得燃烧范围变小，当增加至一定值时燃烧便不会发生。其特点为，对爆炸上限的影响较之对爆炸下限的影响更为明显。这是因为气体混合物中惰性介质的增加，表示氧的浓度相对降低，而爆炸上限时的氧浓度本来就很小，故惰性介质的浓度稍微增加一点，就会使爆炸上限明显下降。

4. 容器的尺寸和材质

容器或管子的口径对燃烧的影响为，直径变小，则燃烧范围变窄，到一定程度时火焰即熄灭而无法通过，此间距叫临界直径。如二硫化碳的自燃点，在 2.5cm 的直径内是 202℃，在 1.0cm 的直径内是 238℃，在 0.5cm 的直径内是 271℃。这是由于管道尺寸越小，因此单位体积火焰所对应的管壁冷表面面积的热损失也就越多。如各种阻火器就是依据此原理制造的。

另外，容器的材质不同对燃烧的影响也不一样。如乙醚的自燃点，在铁管中是 533℃，在石英管中是 549℃，在玻璃烧瓶中是 188℃，在钢杯中是 193℃。其原因是，容器的材质不同，其器壁对可燃物的催化作用不同，导热性与透光性也不同。导热性好的容器容易散热，透光性差的容器不易接受光能，因此，容器的催化作用越强、导热性越差、透光性越好，其引燃温度越低，燃烧范围也就越宽。

5. 引燃源的温度、能量和热表面面积

引燃源的温度、能量以及热表面面积的大小，与可燃物接触时间的长短等，均会对燃烧条件有很大影响。一般来说，引燃源的温度、能量越高，和可燃物接触的面积越大、时间越长，则引燃源释放给可燃物的能量也就越多，可燃物的燃烧范围就越宽，也就越容易被引燃；反之亦然。不同引燃强度的电火花对几种烷烃的影响见表 1-1。

不同引燃强度的电火花对几种烷烃燃烧浓度的影响　　　　　　表 1-1

烷烃名称	电压（V）	燃烧深度范围（%）		
		$I=1A$	$I=2A$	$I=3A$
甲烷	100	不爆	5.9～13.6	5.85～14.4
乙烷	100	不爆	3.5～10.1	3.4～10.6
丙烷	100	3.6～4.5	2.8～7.6	2.8～7.7
丁烷	100	不爆	2.0～5.7	2.0～5.85
戊烷	100	不爆	1.3～4.4	1.3～4.6

第二节　阻燃剂及阻燃机理

要点 8：阻燃剂分类

在所有的化学物质中，能够对高聚物材料起到阻燃作用的主要是元素周期表中第 V 族的 N、P、As、Sb、Bi 和第 Ⅶ 族的 F、Cl、Br、I 以及 B、S、Al、Mg、Ca、Zr、Sn、Mo、Ti 等元素的化合物。常用的是 N、P、Br、Cl、B、Al 和 Mg 等元素的化合物。

按阻燃剂的化学结构可将其分为有机阻燃剂和无机阻燃剂两大类。前者主要是磷、卤素、硼、锑和铝等元素的有机化合物，阻燃效果较好；后者阻燃效果通常较差，但由于无毒、价廉，并且对抑制材料的发烟有好处，因而得到较广泛的应用。

按阻燃剂所含的阻燃元素划分，通常可将其分为卤系、有机磷系及磷-卤系、氮系、磷-氮系、锑系、铝-镁系、无机磷系、硼系、钼系等。前五类属于有机阻燃剂，后五类属于无机阻燃剂。

按阻燃剂与被处理基材的关系，可将其分为添加型和反应型两大类。添加型阻燃剂通常是指在加工过程中加入到高聚物中，但与高聚物及其他组分不起化学反应并能增加其阻燃性能的添加剂。反应型阻燃剂一般是在合成阶段或某些加工阶段参与化学反应的用以提高高聚物材料阻燃性能的单体或交联剂。采用作为共聚单体形式的反应型阻燃剂时，一般是在聚合阶段通过聚合反应以聚合物结构单元的形式引入到高聚物中的；而采用交联型的阻燃剂时，阻燃剂将与高聚物大分子链发生化学反应，从而成为高聚物整体的一部分。显然，反应型阻燃剂赋予高聚物的是永久的阻燃性能。

阻燃剂分类如图 1-3 所示。

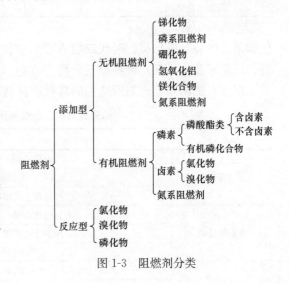

图 1-3　阻燃剂分类

要点 9：各种高聚物材料适用的卤系阻燃剂

综合考虑难燃程度、加工制造工艺、成本经济、采用卤系阻燃剂后燃烧时的发烟性，以及成品的热变形、力学性能和耐老化性能等因素，将各种高聚物适用的卤系阻燃剂概括列于表 1-2 中。

要点 10：工业溴系阻燃剂

工业溴系阻燃剂种类繁多，按化合物结构可将其分为溴代二苯醚类、溴代苯酚类、溴

各种高聚物材料适用的卤系阻燃剂　　　　　　　　　　　表 1-2

阻燃剂		高聚物														
		聚氯乙烯	聚酯	不饱和聚酯	聚烯烃	聚苯乙烯	聚氨酯泡沫	环氧树脂	酚醛树脂	聚丙烯酸树脂	聚醋酸乙烯酯	乙酸纤维素	硝基纤维素	羊毛	纤维制品	纸制品
添加剂	卤代饱和烃			√	√	√	√		√						√	
	卤代芳烃		√	√	√	√		√	√							
	卤代苯醚	√	√	√		√		√	√							
	卤代酚衍生物	√	√					√	√							
	卤代酸衍生物	√	√													
	卤代醇衍生物		√													
	含卤磷酸酯	√	√	√			√		√	√	√	√	√			√
	卤氮化合物													√	√	√
反应型	卤代酚				√	√		√	√							
	环氧化物			√				√								
	卤代酸（酸酐）		√	√			√									
	卤代醇		√	√			√									
	卤代乙烯基类			√												
	卤氮化合物													√	√	√

注：√代表可适用。

代邻苯二甲酸（酐）类、溴代双酚 A 类、溴代多元醇类；按阻燃作用类型可将其分为添加型、反应型及高（低）聚物型三大类。

部分有机溴系阻燃剂所适用的高聚物材料见表 1-3。

部分有机溴系阻燃剂所适用的高聚物材料　　　　　　　　　　表 1-3

名称		适用的高聚物材料
含溴烷烃类	溴代乙烷	乙烯基树脂
	溴代环烷基丙烯酸酯	丙烯酸类树脂
	溴代聚丁二烯	乙烯基树脂，聚苯乙烯
含溴烯烃类	溴代乙烯	聚苯乙烯，丙烯酸类树脂
	四溴十二碳烯	聚酯
	六溴二环戊烯衍生物	丙烯酸类树脂
含溴醇、酸、醛等	2,3,3-三溴烯丙基醇及其酯（如丙烯酸酯）	聚苯乙烯，乙烯基树脂
	2,2,3,3-四溴-1,4-丁二醇	聚苯乙烯
	溴代季戊四醇	聚酯
	溴代多元醇	聚氨酯
	2,3-二溴丙基邻苯二甲酸酯	纸制品
	溴代妥尔油	聚氨酯
	2,2-二（溴甲基）-1,3-丙二醇	聚酯
	2-溴代乙基衣康酸酯	聚苯乙烯，丙烯酸类树脂
	二溴琥珀酸	聚酯
	溴代乙醛，溴代苯甲醛	聚乙烯醇
	$BrCH_2$—$RCONR_1R_2$（R＝C_5～C_{21}；R_1、R_2 是较低的烷基）	聚氨酯
	二（2,3-二溴丙基）苹果酸酯	聚苯乙烯

名称		适用的高聚物材料
含溴芳香族类	溴代聚苯乙烯	聚酯，聚烯烃
	五溴甲苯	聚氨酯
	溴代苯基乙烯基醚	聚酯
	苯乙烯二溴化物	聚苯乙烯
	溴代苯基丙烯酸酯	油漆，聚苯乙烯
	溴代苯基缩水甘油醚	环氧树脂，聚酯，聚氨酯
	![CHBrCH₂Br结构式]	聚酯
	溴代甲苯基二异氰酸酯	聚氨酯
	四溴邻苯二甲酸或酸酐	聚酯
	四溴双酚 A	环氧树脂

要点 11：氯系阻燃剂

在有机卤系阻燃剂中，除了溴系阻燃剂以外，氯系阻燃剂用得最多。两者的阻燃机理相同，但氯系阻燃剂的阻燃效率要差一些（如以阻燃元素质量计，氯一般仅为溴的 $1/2$）。近 30 年来，一些国家氯系阻燃剂消耗量的增长速度明显低于溴系，所以氯体系阻燃剂在阻燃剂耗量中所占的比重也相对要小一些。

部分有机氯系阻燃剂及它们适用的高聚物材料见表 1-4。

部分有机氯系阻燃剂所适用的高聚物材料　　　　表 1-4

名称		适用的高聚物材料
含氯烷烃类	氯乙烷	涂料，聚苯乙烯
	氯丙烷	聚酯
	$C_{10} \sim C_{30}$氯化石蜡	涂料，羊毛，木材，织物，聚烯烃
	氯化鱼油	涂料
	氯化橡胶	橡胶
	氯化聚异丁烯	聚氨酯
	氯化聚烯烃	聚烯烃
	聚氯乙烯	织物
	六氯代苯	纤维素衍生物
含氯烯烃类	氯乙烯	织物，苯乙烯，丙烯酸类树脂
	氯内烯	聚苯乙烯，乙烯基树脂，丙烯酸类树脂
	氯丁烯	橡胶，乙烯基树脂
	氯丁二烯	聚烯烃
	乙烯基氯代醋酸酯	聚酯，丙烯酸类树脂
	烯丙基氯	环氧树脂
	六氯环戊二烯及其衍生物	涂料，聚酯，聚氨酯，环氧树脂，聚苯乙烯，丙烯酸类树脂

续表

名称	适用的高聚物材料
C₂~C₁₂氯代醇，多元醇	乙烯基树脂，聚酯
氯代季戊四醇	聚酯，聚氨酯
四氯丁基-1,4-二醇	环氧树脂
1,1,1-三氯-2,3-环氧丙烷	聚酯，聚氨酯
氯代己二酸	尼龙，乙烯基树脂
乙烯基氯代醋酸酯	聚酯
二氯丁二酸	聚氨酯
氯代脂肪酸	聚苯乙烯
三氯乙醛	聚氨酯，环氧树脂，聚甲醛
氯代烷丙烯腈	丙烯酸类树脂
氯代芳基二胺	环氧树脂
四氯化碳、烷基醋酸酯缩合物	树脂，织物
烷氧基氯代苯	乙烯基树脂
氯代六甲基苯	乙烯基树脂
氯代烷基芳香醚	聚酯
氯代酚	织物，聚苯乙烯，丙烯酸类树脂，木材，酚醛树脂，聚苯
五氯酚缩水甘油醚	聚氨酯，环氧树脂
氯代苯乙烯	聚酯，聚苯乙烯，聚烯烃
氯代苯硫酚酯	丙烯酸类树脂，乙烯基树脂
氯代1,4-二羟基甲基苯	纤维素，织物
氯代苯异氰酸酯	织物
氯代联苯和多苯	织物，聚酯，聚氨酯，聚苯乙烯
氯代4,4'-二羟基联苯	聚酯
氯代3,3'-二异氰酸酯联苯	聚氨酯
氯代萘	织物，聚酯
氯代双酚A和缩水甘油醚	聚酯，环氧树脂
氯代联苯基碳酸酯	聚碳酸酯
四氯苯二甲酸及其衍生物	织物，聚酯
氯代醇酸树脂	涂料
氯醌 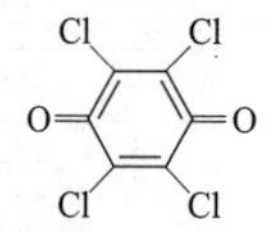	乙烯基树脂

（左侧第一栏分组标注：上半部分"含氯醇、酸、醛等"；下半部分"含氯芳香族类"）

要点 12：各种高聚物材料推荐使用的有机磷系阻燃剂

大多数有机磷系阻燃剂兼具阻燃和增塑的功能，因而应用范围极其广泛。在综合考虑了高聚物材料的阻燃性能要求、加工制造工艺、成本经济因素以有阻燃剂对高聚物材料物理力学性能影响的基础上，各种高聚物材料推荐使用的有机磷系阻燃剂见表1-5。

各种高聚物材料推荐使用的有机磷系阻燃剂　　　　　　　　　　表 1-5

阻燃剂	高聚物									
	聚氯乙烯	聚酯	聚烯烃	聚苯乙烯	聚氨酯	环氧树脂	聚丙烯酸树脂	纤维素	纸制品	纤维制品
磷酸酯	√	√	√	√	√	√	√		√	√
膦酸酯		√			√	√			√	√
亚磷酸酯	√	√	√		√					
有机鳞盐								√		√
氧化膦		√	√		√	√				
含磷多元醇		√			√	√				
磷氮化合物								√	√	√

注：√表示推荐使用。

要点 13：氢氧化铝的性能

氢氧化铝为白色粉末，透明度、着色性好。它具有热稳定性好、无毒、不挥发、不产生腐蚀性气体等优点，并且资源丰富，价格便宜。氢氧化铝能显著减少高聚物材料燃烧时的发烟量，并捕捉有害气体。

氢氧化铝又叫水合氧化铝，简称 ATH。其分子式为 $Al(OH)_3$ 或 $Al_2O_3 \cdot 3H_2O$，$Al(OH)_3$ 的分子量为 78，$Al_2O_3 \cdot 3H_2O$ 的分子量为 156。水合氧化铝并非真正的水合物，而是一种结晶的氢氧化铝，铝和氢氧根之间以离子键结合，并且所有的氢氧根基本上都是等价的。水合氧化铝（$Al_2O_3 \cdot nH_2O$）的变体很多，作为阻燃剂使用的 ATH 主要是 α-三水合氧化铝，常以 α-$Al(OH)_3$ 表示。氢氧化铝可以是结晶的或无定形的，常用的 α-$Al(OH)_3$ 属单斜晶系晶体。我国生产的阻燃级氢氧化铝的主要物理性能见表 1-6。

氢氧化铝的主要物理性能　　　　　　　　　　表 1-6

性能		指标
外观		白色粉末
真密度（g/cm³）		2.42
堆积密度（g/cm³）	松装	0.25～1.1
	密装	0.45～1.4
白度		87～96
折射率 n_D		1.57
细度（目）		325 或 625～1250
硬度（莫氏）		2.5～3.5
灼烧质量损失（%）		34

要点 14：氢氧化铝的阻燃机理

氢氧化铝的阻燃作用来源于其三个分子结晶水的吸热分解，$2Al(OH)_3 \longrightarrow Al_2O_3 + 3H_2O$。每克 $Al(OH)_3$ 分解时吸收的热量大约为 1.97kJ。氢氧化铝受热脱水和发生相变的过程非常复杂，根据氢氧化铝的差热分析曲线（图 1-4）上的三个吸热峰可以断定其结晶

11

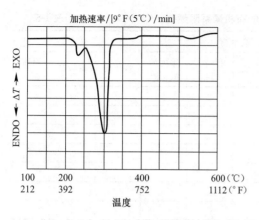

图 1-4 氢氧化铝的差热分析曲线

水的失去是分三个阶段进行的。第一个吸热峰在 230℃ 左右，相当于 α-三水合氧化铝部分转化为 α-氧化铝-水合物的转化热，$Al(OH)_3 \longrightarrow AlOOH + H_2O$。第二个吸热峰出现在 300℃ 左右，它相当于 α-氧化铝-水合物分解转变为 χ-氧化铝。第三个吸热峰在 500℃ 左右，这个吸热峰较宽，表示 α-单水合物分解转化为 γ-氧化铝，$2AlOOH \longrightarrow Al_2O_3 + H_2O$。

总体来看，氢氧化铝的阻燃作用体现在以下几个方面：

（1）分解吸热，这一过程可以从火焰中吸收辐射能。这种吸热作用有利于降低体系的温度，促进脱氢反应的发生并可有效地保护高聚物炭层。

（2）氢氧化铝受热分解所释放出的水蒸气不仅可以作为冷却剂，还可以稀释气相中可燃性气体的浓度。

（3）氢氧化铝脱水生成的氧化铝层，具有极高的比表面积，因此能吸附烟和可燃物，使材料燃烧时释放的 CO_2 量明显降低。

实验研究表明，在氢氧化铝阻燃高聚物时，它除了能起到阻燃作用以外，还可以抑制烟的生成。这是由于在固相中它促进了炭化过程，取代了烟的生成。而且一般来说，这个体系的消烟作用也与氢氧化铝在燃烧过程中所发生的脱水吸热有关，因为在凝聚相中热的消散会减少高聚物的热分解从而有利于交联成炭的发生。

氢氧化铝受热时开始发生脱水的温度、最大吸热峰因氢氧化铝的粒径大小及其分布范围、加热脱水条件以及杂质含量的不同而不同。选用氢氧化铝作阻燃剂时，应根据高聚物材料的热分解温度及成型加工温度要求来选择氢氧化铝的粒径分布及其杂质含量。因此，如要达到预计的阻燃效果，必须认真选择好氢氧化铝的控制指标。

要点 15：氢氧化镁的性能

氢氧化镁的分子式为 $Mg(OH)_2$，简称 MDH，分子量为 58.3。氢氧化镁为白色至浅黄色粉末，系六角形或无定形的片状结晶。密度为 $2.39g/cm^3$，折射率为 $1.561 \sim 1.581$，莫氏硬度为 $2 \sim 3$，体积电阻为 $10^8 \sim 10^{10} \Omega \cdot cm$，难溶于水但溶于酸及铵盐溶液。将 $2g\ Mg(OH)_2$ 悬浮于 50mL 水中，所得悬浮体系的 pH 值为 10.3。表 1-7 列出了国产阻燃级 $Mg(OH)_2$ 的主要物理性能指标。

氢氧化镁的主要物理性能指标   表 1-7

性能		指标
外观		白色粉末
真密度（g/cm³）		2.39
堆积密度（g/cm³）	松装	0.27
	密装	0.63

续表

性能	指标
白度	95
折射率 n_D	1.561~1.581
细度（目）	200~1500
硬度（莫氏）	2~3
灼烧质量损失（%）	31

要点16：氢氧化镁的阻燃机理

与氢氧化铝一样，氢氧化镁的阻燃性能来自于其吸热分解释放出水蒸气、稀释可燃性气体、氧化物膜隔绝热量传递等作用。不同的是，氢氧化镁的热分解温度更高，吸热量比氢氧化铝高17%左右，其抑烟能力也略优于氢氧化铝。

要点17：红磷的性能

红磷不同于普通的白磷，它在空气中相对稳定，而白磷在空气中会自燃。白磷分子中四个磷原子形成四面体，而红磷的结构则是 P_4 四面体中的一个键断开并相互聚合成大分子。因此，可以认为红磷是一种无机聚合物，分子式为 $(P_4)_n$，P_4 的分子量为123.85，其结构式如下：

红磷为红色到紫红色粉末。极微溶于冷水，不溶于热水，略溶于无水乙醇，能溶于三溴化磷和氢氧化钠中。它是各种形式的单质磷中最稳定的一种，在空气中不自燃，加热至200℃左右时着火燃烧生成五氧化二磷，在氯气中加热也能燃烧，遇次氯酸钾（$KClO_3$）、高锰酸钾（$KMnO_4$）、过氧化物及其他强氧化剂时可能发生爆炸。红磷的主要性能见表1-8。

红磷的主要性能　　　　　　　　　　　　　表1-8

性能	指标
密度（g/cm³）	2.34
熔点（℃）	590（4.3MPa）
升华点（℃）	416
着火点（℃）	200
蒸气压（380~590℃）（Pa）	$(-5667.7/T+11.0844)\times133.3$
熔化热（kJ/mol）	18.2
汽化热（kJ/mol）	32.2
平均摩尔热容［J/(mol·℃)］	25.2（22~300℃），28.6（22~500℃）
介电常数	4.1
LD_{50}（大鼠，口服）（mg/kg）	>15000

要点 18：红磷的阻燃机理

红磷的阻燃机理与有机磷系阻燃剂的阻燃机理基本相似。在 $400\sim500℃$ 时，红磷解聚形成白磷，后者再在水汽存在的情况下被氧化为黏性的磷的含氧酸。而这类酸性物质既可覆盖于被阻燃材料表面产生覆盖作用，又可加速高聚物材料表面的脱水炭化，这层液态膜和碳化层可将外部的氧气、热量、挥发性可燃物与内部的高聚物基材隔离开来以实现阻燃作用。除此机理之外，目前还有一种新的观点认为：红磷在凝聚相可与高聚物或高聚物碎片作用以减少挥发性可燃物质的生成，而某些含磷的物系也可能参与气相反应而发挥阻燃作用。例如，人们已经知道有几种含磷化合物（如三氯化磷和三苯基氧化膦）对于阻止氢-空气混合物的燃烧比卤素更有效。

一般来讲，红磷的阻燃机理与被阻燃的高聚物有关，其阻燃效率也是如此，它尤其适用于含氧高聚物的阻燃处理。例如，红磷阻燃非含氧高聚物 HDPE 的氧指数与红磷的用量成正比，而当红磷阻燃含氧高聚物 PET 时其氧指数与红磷用量的平方根呈线性关系。

由于红磷中只含阻燃元素磷，相对于其他含磷阻燃剂而言，它可以产生更多的磷酸，即阻燃效率高。因此要达到相同的阻燃性能时它的用量要少，再加上红磷的溶解性低、熔点高等原因，用红磷阻燃的高聚物的物理力学性能要比用其他阻燃剂时好。

要点 19：聚磷酸铵的性能

聚磷酸铵的通式为 $(NH_4)_{n+2}P_nO_{3n+1}$，当 n 足够大时，可写为 $(NH_4PO_3)_n$，其结构式为：

$$NH_4O-\overset{\overset{O}{\|}}{P}-O-(\overset{\overset{O}{\|}}{\underset{\underset{ONH_4}{|}}{P}}-O)_{n-2}-\overset{\overset{O}{\|}}{\underset{\underset{ONH_4}{|}}{P}}-ONH_4$$

当 $n=10\sim20$ 时为短链 APP，其分子量为 $1000\sim2000$；当 $n>20$ 时为长链 APP，分子量在 2000 以上。

APP 为白色（结晶或无定形）粉末，系无分支的长链聚合物。常用结晶态的 APP 为水不溶性长链聚磷酸铵盐，有 I～V 五种变体。它含磷、氮量高，并且磷-氮间可以产生协同效应，阻燃效果很好。它的热稳定性好，分解温度高于 $250℃$，分解时释放出氨气和水蒸气并生成磷酸，约 $750℃$ 时才全部分解。产品的水溶性低，吸潮性小；细度可达 300 目以上，因而分散性好；产品接近中性，化学稳定性好，可与其他任何物质混合而不起化学变化。APP 的毒性低（$LD_{50}\geqslant10g/kg$），因而使用安全。

一般工业 APP 在水中的溶解度为 $1.3g/100mL$（$15℃$）或 $3.0g/100mL$（$25℃$），即其溶解度随着温度的上升而迅速增加。其吸湿性随着聚合度的增加而降低。在 $25℃$、相对湿度大于 75% 的空气中放置 7d 后，其吸湿量小于 10%。

APP 还可以发生水解，水解的速率随粒径、温度及 pH 值的变化而变化。温度升高、pH 值降低时，水解速率加快；粒径由 1mm 增至 3mm 时，水解速率降至 $1/2\sim1/3$。15%

APP 水溶液的水解速率见表 1-9。

15％APP 水溶液的水解速率　　　　　　　　　　表 1-9

项目		速率常数（min）
60℃	pH＝4.5	4.9×10^{-5}
	pH＝6.0	2.6×10^{-6}
100℃	pH＝4.5	5.5×10^{-4}
	pH＝6.0	3.3×10^{-5}

APP 的氨蒸气分压 p（Pa）和温度 T（K）的关系如下：

$$\lg p = 10.3319 - \frac{3230}{T}$$

在 350℃以下，APP 上面的水蒸气压力很小，可以把氨分压近似地看作是总压力。在某一温度下，如果 APP 上的氨分压低于上式的计算值时，APP 将发生分解：

$$(NH_4)_{n+2}P_nO_{3n+1} \longrightarrow H_3PO_4 + NH_3\uparrow + H_2O$$

热分析结果表明：APP 在 300℃时有一个吸热峰，并开始失重；400℃时出现最大吸热峰；750℃时全部分解，剩余 6％～7％的残渣。

APP 的技术指标见表 1-10。

APP 的技术指标　　　　　　　　　　表 1-10

项目	指标		
	优级品	一级品	合格品
五氧化二磷（P_2O_5）含量（％），≥	65	65	65
氮（N）含量（％），≥	12	12	12
平均聚合度	30	30	20
溶解性（g/100mL H_2O），≤	2	2	2
细度（筛余量）（％），≤	5（325 目）	5（250 目）	5（250 目）

要点 20：聚磷酸铵的阻燃机理

聚磷酸铵的阻燃机理是：聚磷酸铵受热时脱水生成聚磷酸，聚磷酸由于具有强烈的脱水性能可以促使高聚物材料发生表面炭化，加上生成的非挥发性的磷的氧化物和聚磷酸覆盖在基材表面，可以隔绝热量和氧气，从而有效地抑制明火的发生；而且聚磷酸铵受热分解时生成的氨气和水蒸气还可以稀释高聚物受热分解生成的可燃性气体的浓度并降低氧气的浓度，因而对燃烧具有很好的抑制作用。

当 APP 与碳化剂（如季戊四醇）、发泡剂（如三聚氰胺）并用组成膨胀阻燃体系时，遇火发生受热分解时首先生成磷酸。在 300℃以上时磷酸极不稳定，进一步脱水生成聚磷酸或聚偏磷酸，将促使碳化剂脱水碳化、发泡剂分解释放出不燃性气体，从而形成蜂窝状的隔氧绝热的炭化层，表现出显著的阻燃效果。炭化层覆盖于高聚物材料表面，可以隔绝氧气，使燃烧窒息，而且其导热性差，能够阻止火焰向内部的蔓延；分解释放出水蒸气、氨、氯化氢等不燃性气体的过程，能够降低燃烧区域的温度，并且释放的气体可以稀释空气中的氧浓度，从而有效地实现阻燃作用。

要点 21：硼系阻燃剂的性能

根据分子内含结晶水的多少和锌/硼比的不同，硼酸锌可有 20 多个品种，但它们都符合通式 $xZnO \cdot yB_2O_3 \cdot zH_2O$。目前工业上使用最广泛的是 $2ZnO \cdot 3B_2O_3 \cdot 3.5H_2O$ 和 $2ZnO \cdot 3B_2O_3 \cdot 7H_2O$，前者的分子量为 434.66，后者为 497.72。

我国生产的硼酸锌阻燃剂主要为 $2ZnO \cdot 3B_2O_3 \cdot 3.5H_2O$，简称 ZB，也常被称为 FB 阻燃剂。它是一种白色的结晶粉末，熔点为 980℃，密度为 $2.8g/cm^3$，折射率为 1.58，300℃以上才开始失去结晶水，因此可应用于成型加工温度较高的高聚物系统；它不溶于水和一般的有机溶剂，可溶于氨水形成络盐；它的粒度较细，平均粒径为 $2\sim10\mu m$，筛余量为 1‰（320 目）；毒性为 $LD_{50}>10000mg/kg$（大鼠口服），并且没有吸入毒性和接触毒性，对皮肤不产生刺激，也没有腐蚀性。其化学组成为：$ZnO 37\%\sim40\%$、$B_2O_3 45\%\sim49\%$、$H_2O 13.5\%\sim15.5\%$，含水量≤1%。

要点 22：硼系阻燃剂的阻燃机理

一般认为，硼酸锌作为阻燃剂使用时可同时在气相和凝聚相发生阻燃作用。这是因为硼酸锌与卤系阻燃剂 RX 混合使用时，受热时将会发生下列反应：

$$2ZnO \cdot 3B_2O_3 \cdot 3.5H_2O + 22RX \longrightarrow 2ZnX_2 + 6BX_3 + 11R_2O + 3.5H_2O$$
$$2ZnO \cdot 3B_2O_3 \cdot 3.5H_2O + 22HX \longrightarrow 2ZnX_2 + 6BX_3 + 14.5H_2O$$

一方面，反应生成的 ZnX_2、BX_3 具有捕捉气相中的 $HO \cdot$、$H \cdot$ 等自由基的功能，使活性自由基的数量减少，燃烧链式反应难以进行，增加高聚物的成炭量，促进固相形成坚硬致密的炭化层。另一方面，硼酸锌在高温的作用下会发生熔化作用，形成的熔融物覆盖在高聚物表面，可以隔绝热量和氧气；高温反应形成的硼酸也可以覆盖在高聚物表面，形成玻璃态的包覆层以隔绝空气和热量。另外，在受热分解的过程中，硼酸锌还将释放出大量的结晶水，有效地降低燃烧体系的温度，并起到稀释氧气的作用，从而抑制燃烧的继续进行。

要点 23：三氧化二锑的性能

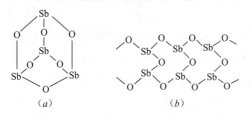

图 1-5　Sb_2O_3 的晶体结构
(a) 立方晶型；(b) 斜方晶型

固体三氧化二锑的分子式为 Sb_2O_3，简称 ATO。其分子量为 291.60，理论锑含量为 83.54%。三氧化二锑为白色结晶，受热时呈黄色，冷后又变白色。它有两种结晶型态，一种是立方晶型（稳定型），另一种为斜方晶型，在自然界中分别以方锑矿及锑矿的形式存在。立方晶型的三氧化二锑由单个的 Sb_4O_6 组成，而斜方晶型的三氧化二锑则是由无限重复的链节组成的。三氧化二锑的分子结构如图 1-5 所示。

两种晶型的三氧化二锑在密度及折射率上略有差异。立方晶型的密度及折射率分别为 $5.2g/cm^3$ 和 2.087，斜方晶型的分别为 $5.67g/cm^3$ 和 2.180。其他物理性质为：熔点 $656℃$，沸点 $1425℃$，熔化热 $54.4～55.3kJ/mol$，蒸发热为 $36.3～37.2kJ/mol$，标准生成焓为 $-692.5kJ/mol$。从溶解性来看，它不溶于水和乙醇，可溶于浓盐酸、浓硫酸、浓碱、草酸、酒石酸和发烟硝酸，是一种两性化合物。国产三氧化二锑的技术指标要求见表 1-11。

三氧化二锑的化学成分及品级规定   表 1-11

牌号		0级三氧化二锑	1级三氧化二锑	2三氧化二锑
化学成分	三氧化二锑（%），≥	99.50	99.00	98.00
	三氧化二砷（%），≤	0.06	0.12	0.30
	氧化铅（%），≤	0.12	0.20	—
	硫（%），≤	—	—	0.15
	杂质总和（%），≤	0.50		
物理性能	颜色	纯白	白色	白色（可带微红）
	细度	325 目筛筛余物（%），≤	0.1	0.5	—
		100 目筛	—	—	全通过

各种工业级三氧化二锑的阻燃作用几乎是相同的，但由于它们的粒度不同引起色调和着色力的差异很大。一般来讲，三氧化二锑可分为高色调强度和低色调强度两大类，前者的平均粒径为 $1.3～1.5\mu m$，后者的粒径为 $2.5～3.5\mu m$。痕量的杂质就会影响三氧化二锑的颜色，由于三氧化二锑的覆盖力很强，阻燃制品的颜色会因之而改变，所以使用时必须控制产品的颜色。

工业三氧化二锑的主要物理性能示于表 1-12。

工业三氧化二锑的主要物理性能   表 1-12

性能	高色调强度	低色调强度
密度（g/cm³）	5.3～5.8	5.3～5.8
平均粒径（μm）	0.8～1.8	0.9～2.5
325 目筛筛余物量（%）	0.001～0.1	0.001～0.8
折射率	2.087	—
吸油量（g/100g）	9～12	9～12

实践证明，三氧化二锑的颗粒大小和均匀性对被阻燃高聚物材料的冲击性能影响较大，特别是对阻燃纤维的可纺性和拉伸强度有较大的影响。目前用于阻燃各类塑料的普通三氧化二锑的平均粒径一般为 $1～2\mu m$，可用于阻燃纤维的超细三氧化二锑的平均粒径在 $0.3\mu m$ 左右，而超微细的三氧化二锑的平均粒径则可低至 $0.03\mu m$。

现将各种国产三氧化二锑的技术规格分别列于表 1-13 和表 1-14。

超细三氧化二锑的技术规格   表 1-13

组成及性能		指标	
		一级 F Sb$_2$O$_3$ X-1	二级 F Sb$_2$O$_3$ X-2
化学组成（%）	Sb$_2$O$_3$	≥99.55	≥99.55
	As$_2$O$_3$	≤0.05	≤0.05

组成及性能		指标	
		一级 F Sb₂O₃ X-1	二级 F Sb₂O₃ X-2
化学组成（%）	PbO	≤0.10	≤0.10
	S₂O₃	≤0.006	≤0.006
	酒石酸矿溶物	≤0.30	≤0.30
	杂质总和	≤0.45	≤0.45
性能	比表面积（cm²/g）	42500	35500
	白度	92.50	92.50

干粉状无尘 Sb₂O₃ ACP930 的技术规格　　　　　　　　　表 1-14

组成及性能		指标
化学组成（%）	Sb₂O₃	≥92
	As₂O₃	≤0.06
	PbO	≤0.15
	Fe₂O₃	≤0.005
	卤素阻燃剂	≤6.60
	有效助剂	≤0.70
	杂质总和	≤0.50
性能	平均粒径（μm）	0.5～3
	物理水含量（%）	≤0.05
	150 目筛上筛余物（%）	≤0.006

要点 24：三氧化二锑的阻燃机理

通过对三氧化二锑-卤化物体系的作用机理进行研究，人们普遍认为该体系的阻燃作用主要是通过它们之间反应生成的三卤化锑来实现的。三卤化锑气体进入气相燃烧区，能够捕捉自由基，抑制燃烧链式反应的进行；密度较大的三卤化锑蒸气覆盖在高聚物材料表面，可以隔断氧气和热量；锑-卤阻燃体系还可以增加某些高聚物材料的成炭量，从而起到阻燃作用。

三氧化二锑无法单独作为阻燃剂（含卤高聚物除外）使用，但当高聚物中含有卤素（如聚氯乙烯等）时，则阻燃效果显著。卤素和三氧化二锑间具有协同阻燃效应这一重要发现被称为现代阻燃技术中的一个具有划时代意义的里程碑，奠定了现代阻燃化学的基础。自从 1930 年被人们认识以来，至今仍然是阻燃技术领域内一个非常活跃的研究课题。

目前得到广泛认同的卤锑系统阻燃机理为：在高温下，三氧化二锑可以和卤化氢反应生成三卤（氯）化锑或卤（氯）氧化锑，而卤（氯）氧化锑又能够在很宽的温度范围内继续受热分解为三卤（氯）化锑。反应式如下：

$$Sb_2O_3(s) + 6HCl(g) \longrightarrow 2SbCl_3(g) + 3H_2O$$

$$Sb_2O_3(g) + 2HCl(g) \xrightarrow{250℃} 2SbOCl(s) + H_2O$$

$$5SbOCl(s) \xrightarrow{245 \sim 280℃} Sb_4O_5Cl_2(s) + SbCl_3(g)$$

$$4Sb_4O_5Cl_2(s) \xrightarrow{410 \sim 475℃} 5Sb_3O_4Cl_2(s) + SbCl_3(g)$$

$$3Sb_3O_4Cl(s) \xrightarrow{475 \sim 565℃} 4Sb_2O_3(s) + SbCl_3(g)$$

人们普遍认为卤锑系统的协同效应主要来源于三卤化锑。这是因为热分解形成的卤化锑与三氧化二锑可作为自由基的终止剂，改变燃烧分解及增长的过程。而卤氧化锑起着卤化锑贮藏室的作用，在高聚物受热过程中逐渐释放出来，在燃烧区域中形成挥发性非常小的固体氧化物粒子，在含有空气的这些微粒子和气相的界面上，能量在固体表面就被消耗掉了，进而改变了高聚物的燃烧反应机理，这就是所谓的"壁效应"。而且，因为卤氧化锑的热分解反应是在多数高聚物产生热分解的温度范围内发生的，这样阻燃剂分解产生的气体就可以和高聚物的燃烧气体产物一起产生，有效地降低了可燃性气体产物的浓度。另外，在固相的脱水反应促进了炭化物的生成并使燃烧反应热降低。具体作用机理可归纳为下列几点：

（1）密度大的三卤化锑蒸气可以较长时间停留在燃烧区域，具有稀释和覆盖作用。

（2）卤氧化锑的分解过程为吸热反应，能够有效地降低被阻燃材料的温度和分解速度。

（3）液态和固态三卤化锑微粒的表面效应可以降低火焰的能量。

（4）三卤化锑可以促进固相及液相的成炭反应，而相对减缓生成可燃性气体的高聚物的热分解与热氧分解反应，而且生成的炭层能够阻止可燃性气体进入火焰区域，同时保护下层材料免遭破坏。

（5）三卤化锑在燃烧区域内可按下列反应式与气相中的自由基发生，从而改变气相中的燃烧反应模式，降低反应放热量，最终使火焰熄灭。

$$SbX_3 \longrightarrow X \cdot + SbX_2 \cdot$$
$$SbX_3 + H \cdot \longrightarrow HX + SbX_2 \cdot$$
$$SbX_3 + CH_3 \longrightarrow CH_3X + SBX_2 \cdot$$
$$SbX_2 \cdot + H \cdot \longrightarrow SbX \cdot + HX$$
$$SbX_2 \cdot CH_3 \longrightarrow CH_3X \cdot + SbX \cdot$$
$$SbX \cdot H \longrightarrow Sb + HX$$
$$SbX \cdot + CH_2 \longrightarrow Sb + CH_3X$$

（6）三卤化锑的分解过程也可以逐渐释放出卤素自由基，后者又按下列反应式与气相中的自由基（如 H·）结合，因而能够在较长的时间内维持阻燃功能。

$$X \cdot + CH_3 \cdot \longrightarrow CH_3X$$
$$X \cdot + H \cdot \longrightarrow HX$$
$$X \cdot + HOO \cdot \longrightarrow HX + O_2$$
$$X_2 + CH_3 \cdot \longrightarrow CH_3X + X \cdot$$
$$X_2 + CH_3 \cdot \longrightarrow CH_3X + X \cdot$$
$$HX + H \cdot \longrightarrow H_2 + X \cdot$$

反应式中的 M 是吸收能量的物质。

（7）在燃烧区域，氧自由基能与锑反应生成氧锑自由基，后者能够捕获气相中的 H·及 OH·，而产物水的生成也有利于使燃烧停止和火焰熄灭。反应式如下：

$$Sb + O \cdot + M \longrightarrow SbO \cdot + M$$

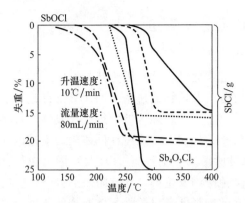

图 1-6　金属氧化物对氯氧化锑热分解的影响
—— SbOCl；・・・・・ 10SbOCl+5TiO_2；
—・— 8SbOCl+2CuO；——— 10SbOCl+5Cao；
— —— 8SbOCl+2Fe_2O_3；—— 10SbOCl+5ZnO

$$SbO \cdot + 2H \cdot + M \longrightarrow SbO \cdot + H_2 + M$$
$$SbO \cdot + H \cdot \longrightarrow SbOH$$
$$SbOH + OH \cdot \longrightarrow SbO \cdot + H_2O$$

反应式中的 M 是吸收能量的物质。

综上所述，卤锑协同的阻燃作用主要是在气相进行的，同时兼具凝聚相阻燃作用。

在这里需要注意的是，使卤氧化锑的分解温度范围和被阻燃高聚物的热分解行为相一致是极其重要的。实验证明，添加金属氧化物可以使卤氧化锑的热分解温度向高温或低温偏移。比如，氧化铁能够使分解温度下降 $50 \sim 100℃$；氧化钙、氧化锌能够使分解温度升高 $25 \sim 50℃$（图 1-6）。

要点 25：胶体五氧化二锑的性能

水合五氧化二锑基本上不溶于硝酸溶液，仅稍溶于水，但溶于氢氧化钾的水溶液中。此水合物加热至 $700℃$ 时脱水变为白色粉末。胶体五氧化二锑可以是水溶胶，也可以是干粉。

胶体五氧化二锑水溶胶及干粉的一般性能列于表 1-15。

胶体五氧化二锑水溶胶及干粉的主要性能　　　　　　　　　　表 1-15

性能	指标	
	水溶胶	干粉
外观	白色乳液	白色流散性粉末
Sb_2O_5 含量（%）	约 30	约 92
密度（g/cm^3）	1.32	$1.23 \sim 1.30$（堆积密度）
黏度（$mPa \cdot s$）	约 10	—
平均粒径（μm）	$0.015 \sim 0.040$	$0.015 \sim 0.040$（分散于水中）
稳定剂含量（%）	—	约 5
稳定期（月）	>6	约 5

要点 26：锑酸钠的性能

锑酸钠为四方晶系的白色晶体，分子中的锑原子被六个羟基以八面体结构包围起来。当加热到 $178.6℃$ 时，锑酸钠开始失去部分结构水；在 $250℃$ 恒温 2h 后，它失去绝大部分结构水而变为偏锑酸钠 $NaSbO_3 \cdot \frac{1}{2}H_2O$；在 $900℃$ 恒温 2h 后，失去全部结构水而变成 $NaSbO_3$。

国产锑酸钠的技术规格见表 1-16。

性能及组成	指标	
	一级	二级
外观	白色结晶粉末	白色结晶粉末
平均粒径（μm）	<150	<150
粒径分布	75～150μm 占 95％以上	75～150μm 占 95％以上
含水量（％）	≤0.3	≤0.3
总锑含量（以 Sb_2O_3 计）（％）	57.6～59.2	57.6～59.2
Sb_2O_5 含量（％）	64.1～65.5	63.5～65.5
Na_2O 含量（％）	12～13	12～13.5

要点 27：三聚氰胺的性能

三聚氰胺（MA）也称蜜胺，又名三聚氰酰胺、氰尿酰胺，化学名称为 2,4,6-三氨基-1,3,5-三嗪。英文名称为 Melamine、Cyanurtriamide、Cyanuramide、1,3,5-triazine-2,4,6-triamine，CAS 号为 108-78-1。其分子式为 $C_3H_6N_6$，分子量为 126.14，理论氮含量为 66.64％，结构式为：

三聚氰胺为无色单斜晶体，无臭，无味，密度为 $1.573g/m^3$，熔点为 354℃，不燃，受热时易升华。三聚氰胺在水中的溶解度较小：25℃时在 100g 水中能溶解 0.5g；100℃时在 100g 水中能溶解 5g。它难溶于乙二醇、甘油和吡啶，不溶于乙醚、苯和四氯化碳，略溶于乙醇，极易溶于热乙醇。三聚氰胺的 LD_{50}（大鼠，经口）为 3200mg/kg，并且无腐蚀性，对皮肤无刺激，也不是致癌物。

三聚氰胺受热时升华，并发生剧烈的分解，放出 NH_3，形成一系列化合物：

$$2C_3H_6N_6 \xrightarrow{-NH_3} C_6H_9N_{11} \xrightarrow{-NH_3} C_6H_6N_{10} \longrightarrow C_6L_3N_9$$

三聚氰胺受到强热（250～450℃）作用时发生分解，分解时吸收大量的热量，放出含 NH_3、N_3 及 CN^- 的有毒烟雾，并形成多种缩聚物。它的存在有助于高聚物材料成炭，并影响其熔化行为。

表 1-17 给出了三聚氰胺的主要物理化学性能数据。

三聚氰胺的主要物理化学性能　　　　　　　　　　表 1-17

项目	指标
熔点（℃）	354（计算）
沸点（℃）	280（分解）
密度（kg/m³）	1573

续表

项目	指标
蒸汽压（20℃）（Pa）	4.7×10^{-8}
水中溶解性（g/L）	3.1（20℃），25（75℃）
水中悬浮液的 pH 值（20℃）	8

要点 28：三聚氰胺的阻燃机理

虽然三聚氰胺类阻燃剂在阻燃剂总用量中所占的比例较小，但其发展十分迅速，这主要得益于它们具有多种阻燃作用机制。表 1-18 对比了不同阻燃剂的阻燃作用机理。

不同阻燃剂的阻燃作用机理　　　　　　　　　　　　　　表 1-18

阻燃机理	三聚氰胺衍生物	卤素/氧化锑	有机磷化合物
化学作用	有	有	有
散热作用	有	—	—
成炭作用	有	—	有
膨胀作用	有	—	有
惰性气体	有	有	—
热转移作用	有	—	—

通常认为，三聚氰胺可以不溶不熔的微粉末状分散在热塑性树脂和热固性树脂的预聚体中，受热时不熔化而到 354℃时升华，这一温度低于大多数高聚物材料的点燃温度。因此有人认为：这一升华过程要吸收大量的热量是三聚氰胺具有阻燃作用的主要原因。事实上，三聚氰胺的升华吸热焓为－963kJ/kg，因此对一个含有 20％三聚氰胺的、比热容为 2.1kJ/（kg·℃）的基材而言，三聚氰胺的升华将使其温度下降 115℃，显然这种降温作用对于阻止材料被点燃是非常重要的。而且，升华的三聚氰胺微粒可以起到稀释可燃物及阻隔基材与氧气接触的作用，还可以捕集火焰区的自由基中断燃烧链反应。并且，三聚氰胺在 610℃（火焰区可达到此温度）时可降解为双氰胺，这一过程的吸热焓比其升华吸热焓还要高，降温作用更为显著。此外，三聚氰胺挥发物的燃烧热值仅为高聚物材料燃烧热值的 40％～45％，其分解产物氨气还可以起到散热和稀释氧气浓度的作用。因此，三聚氰胺的气相阻燃效率很高。

除此之外，三聚氰胺还能够影响材料的熔化行为，并加速其炭化成焦，在凝聚相也可以发挥阻燃作用。

要点 29：双氰胺的性能

双氰胺又称二氰二胺、二聚氨基氰、氰基胍。英文名称为：Dicyanodiamide、Cyanoguanidine，简称 DCDA。分子式为 $C_2H_4N_4$，分子量为 84.09，理论氮含量为 66.6％，其结构式为：

$$H_2N—C—NHCN$$
$$\|$$
$$NH$$

双氰胺为白色单斜晶类的菱形结晶，密度为 $1.40g/cm^3$，熔点为 $207\sim209℃$，微溶于冷水，溶于热水、乙醇和丙酮，难溶于乙醚、苯和氯仿。

双氰胺存在下列互变异构：

$$H_2N-C-NH-C\equiv N \rightleftharpoons \begin{array}{c} H_2N \\ H_2N \end{array} C-N-C\equiv N$$

$$\underset{NH}{\overset{\|}{}}$$

因而它易形成衍生物，并显示具有四个活性氢。受热后生成三聚氰胺。

要点 30：双氰胺的阻燃机理

双氰胺主要通过分解吸热及生成不燃性气体以稀释可燃物而发挥作用。其主要优点是无色、无卤、低毒、低烟，不产生腐蚀性气体。

第三节 阻燃剂的应用

要点 31：氢氧化铝的应用

氢氧化铝的用途极其广泛，它不仅用于阻燃，还可以用于消烟和减少材料燃烧时腐蚀性气体的生成量；不仅可以用于热固性树脂，也可以用于热塑性树脂、合成橡胶、涂料和黏合剂中。总体来说，氢氧化铝的用量越大，阻燃效果就越好；氢氧化铝的粒径越小，阻燃效果也就越好；对氢氧化铝进行表面改性处理可以大大地提高其阻燃性能。现简略介绍氢氧化铝在阻燃领域中的应用。

1. 热固性树脂

（1）在不饱和聚酯中的应用：在玻璃纤维增强的不饱和聚酯浇注料如各种高低压电器开关中，氢氧化铝作为填料使用时，可以使制品具有阻燃性、消烟性以及抗电弧性。氢氧化铝还可以用于玻璃钢层压制件如玻璃钢瓦、管材、贮槽等的制造中，均具有良好的阻燃效果。

（2）在环氧树脂中的应用：在环氧树脂中，氢氧化铝具有能够显著提高制品氧指数的作用。如用量为 $40\%\sim60\%$ 时，氧指数比未经阻燃填充的环氧树脂高一倍，同时还明显提高了环氧树脂的抗电弧性和抗弧迹性。经氢氧化铝阻燃的环氧树脂在制作变压器、绝缘器材、开关装置等方面具有较好的发展前景。

2. 热塑性树脂

（1）在聚乙烯中的作用：氢氧化铝对高密度聚乙烯可燃性的改善最为明显。HDPE：$Al(OH)_3=60:40$ 时即可达到 UL 94-HB 级，在进一步增加氢氧化铝添加量的情况下，HDPE 的阻燃性能可达到 UL 94 V-0 级。

（2）在聚丙烯中的应用：在热塑性树脂中，氢氧化铝对聚丙烯的阻燃作用研究得较为充分。实验表明，在添加 40 份氢氧化铝时，聚丙烯的水平燃烧速率大约可以减少 40%，氧指数提高 4 个单位。并且随着氢氧化铝添加量的增加，材料的阻燃性能、抑烟性能和热变形温度均相应增高，但材料的拉伸性能、冲击性能、弯曲性能、相对伸长率则随添加量的增加而降低。

（3）在交联聚乙烯、乙丙胶电缆中的应用：在这些高聚物中，氢氧化铝的填充使其阻燃性能得到提高，并且绝缘性能优良，因而获得了广泛的应用。这些制品已在电线电缆行业中得到实际应用。

（4）在聚氯乙烯中的应用：氢氧化铝在阻燃热塑性塑料中研究最多的应用领域还是聚氯乙烯。氢氧化铝可以取代填料碳酸钙，非常容易掺和到增塑的聚氯乙烯中。为了获得高的阻燃性能通常有两种方法：其一是将氢氧化铝和磷酸酯类增塑剂并用；其二是将氢氧化铝和硼酸锌并用。这些配方已应用于聚氯乙烯的电线电缆料中。在硬质聚氯乙烯中加入氢氧化铝除了可以起到阻燃作用外主要起消烟作用。

（5）在 ABS 中的应用：添加 40％氢氧化铝的 ABS，其燃烧速率从 4.2cm/min 下降到 2.0cm/min，最大烟密度从 99％下降到 72％。添加 36％氢氧化铝和 12.5％玻璃纤维的 ABS 的可燃性及发烟性均有较大程度的降低，此试验结果可归因于玻璃纤维的高导热性。各种填充剂对 ABS 燃烧性能的影响见表 1-19。

各种填充剂对 ABS 燃烧性能的影响　　　　　　　　　　　表 1-19

	项目	A	B	C	D
成分（％）	ABS	100	60	60	51.5
	Al(OH)$_3$	—	40	—	36
	CaCO$_3$	—	—	40	—
	玻璃纤维	—	—	—	12.5
燃烧性能	燃烧速度（cm/min）	4.2	2.0	3.3	1.5
	最大烟密度（％）	99	72	99	47
	释烟速率（％）	89	57	82	36

3. 合成橡胶

氢氧化铝是合成橡胶的一个极其重要的阻燃剂。它不仅具有吸热分解、放出结晶水、汽化、冷却、稀释可燃性气体等阻燃作用，还同时具有消烟、捕捉有害气体的作用。另外用它填充制作的阻燃橡胶运输带还具有抗打滑的作用，并可减少阻燃时间。

（1）在氯丁橡胶中的应用：阻燃氯丁橡胶是以氯丁橡胶为基材，并掺入氢氧化铝和碳酸钙、陶土、三氧化二锑等成分。如阻燃电缆护套配方为（单位：份）：氯丁橡胶 100、陶土 70、碳酸钙 30、氢氧化铝 100、硼酸锌 15、三氧化二锑 10、氧化锌 5、氧化镁 4、三（2，3-二溴丙基）异氰脲酸酯 5、促进剂 Na-22 0.5、硬脂酸 2。所得制品的阻燃性能优良，氧指数高达 50％，垂直燃烧和水平燃烧性能优良。

（2）在硅橡胶中的应用：阻燃硅橡胶是以聚硅氧烷橡胶为基材，掺入氢氧化铝和镍、铁、钴等成分而成。应用实例（单位：份）：乙烯-聚二甲基硅氧烷 100、醋酸镍 2、氢氧化铝 70、炭黑 1、填料和颜料 7、过氧化二异丙基苯 1，经混合脱气后于 160℃、1.0MPa下模压 30min，所得样品可通过 UL 94 V-0 级。

4. 涂料

阻燃涂料是以 EVA 聚合物为基材，掺入氢氧化铝和三甲羟丙烷、聚醋酸乙烯等成分。

如（单位：份）：EVA 聚合物 100、聚醋酸乙烯 3、氢氧化铝 70、三甲羟丙烷 10，混合后涂覆在电缆上，经紫外线照射 24h 后，所得涂料的氧指数为 50%。

5. 黏合剂

地毯衬垫胶乳和羧酸化胶乳黏合剂是氢氧化铝最先应用的领域，这方面的应用至今还处于领先地位。它在预涂层、黏合剂和泡沫材料中还可以代替阻燃作用很小的碳酸钙和白土作为具有阻燃性能的填料使用。一般是 100 份胶乳中加 20～150 份 3～20μm 的氢氧化铝，而在黏合剂中则可加入 75～250 份的氢氧化铝。

要点 32：氢氧化镁的应用

氢氧化镁的应用领域与氢氧化铝大致相同，已经应用在聚乙烯、聚丙烯、聚氯乙烯、聚苯乙烯、ABS 树脂、三元乙丙橡胶、聚苯醚、聚酰亚胺等高聚物材料和涂料、黏合剂中，并不断开拓新的应用领域。

1. 在聚乙烯中的应用

用 $Mg(OH)_2$ 阻燃聚乙烯时，为达到 UL 94 V-1 级或 UL 94 V-0 级的阻燃级别时，阻燃剂用量应在 40%～60%，但此时材料的烟密度明显降低了（表 1-20）。

以 Mg（OH）$_2$ 阻燃聚乙烯的性能 表 1-20

阻燃剂及含量 [Mg（OH）$_2$]（%）	氧指数（%）	阻燃性（UL 94）	烟密度 D_m	
			明燃	阴燃
40	28	V-1	—	—
50	—	—	79	231
60	37	V-0		

表 1-21 列出了以 $Mg(OH)_2$ 和 $Al(OH)_3$ 阻燃高密度聚乙烯时材料冲击强度的变化情况。可以看出：随着阻燃剂用量的增加，材料的冲击强度明显下降。

以 Mg（OH）$_2$ 和 Al（OH）$_3$ 阻燃 HDPE 的冲击强度 表 1-21

阻燃剂含量（份）	缺口冲击强度（kJ/m^2）	
	HDPE+Mg（OH）$_2$	HDPE+Al（OH）$_3$
25.0	5.4	不断
42.8	4.0	15.5
66.7	3.4	11.2
100	2.8	8.2
150	2.8	3.4

2. 在聚丙烯中的应用

目前氢氧化镁在国内应用较多的领域为阻燃聚丙烯制品，既能阻燃又能消烟。表 1-22 列出了用氢氧化镁阻燃聚丙烯材料的物理力学性能以及氧指数随氢氧化镁用量变化的情况。

氢氧化镁填充聚丙烯的性能 表 1-22

阻燃 PP 性能	Mg(OH)₂ 用量（份）									
	0	11.1	25	43	67	100	113	127	138	150
熔体流动速率（g/10min）	3.8	2.7	3.5	3.8	4.1	3.6	3.9	3.3	3.1	3.1
拉伸强度（MPa）	33.6	35.1	32.4	30.7	27.6	28.1	25.3	24.6	23.3	23.3
弯曲强度（MPa）	44.3	41.0	39.0	40.0	41.0	39.0	38.0	36.0	35.0	34.0
缺口冲击强度（kJ/m²）	—	9.7	10.6	9.8	10.0	8.2	6.8	6.2	5.62	4.6
氧指数（%）	19.0	19.5	20.0	20.5	23.0	26.5	27.0	27.5	28.0	29.5

采用氢氧化镁阻燃聚丙烯时，为了达到 UL 94 V-1 级或 UL 94 V-0 级的阻燃级别时，阻燃剂的用量一般应在 50%～60%，此时高聚物材料的物理力学性能明显恶化，但燃烧时的生烟量大幅度下降（实验结果分别见表 1-23 和表 1-24）。

氢氧化镁阻燃聚丙烯的性能 表 1-23

性能	Mg(OH)₂ 用量	
	50%	60%
拉伸强度（MPa）	34.5	36.0
拉伸模量（GPa）	3.07	4.18
伸长率（%）	3.74	1.66
悬臂梁式抗冲强度（J/m）	218.1	154.3
氧指数（%）	34	37
阻燃级别（UL 94）	V-1	V-0

聚丙烯及阻燃聚丙烯的生烟性 表 1-24

材料	开始生烟时间（s）	最大烟密度 D_m
PP	85	34
PP+60%Al(OH)₃	220	32
PP+60%Mg(OH)₂	210	24
PP+15%十溴二苯醚+8%Sb₂O₃	25	96

3. Mg(OH)₂ 和 Al(OH)₃ 共用的阻燃效果

曾有人研究了 Mg(OH)₂ 与 Al(OH)₃ 在 HDPE 中共用的阻燃效果。试验结果表明，使用混合阻燃剂的氧指数 LOI 明显高于它们单独使用时氧指数的加和值（LOI_add），如图 1-7 所示。LOIadd 可由下式计算而得：

$$LOI_{add} = LOI_{HDPE+Al(OH)_3} + LOI_{HDPE+Mg(OH)_2} + LOI_{HDPE}$$

这表明 Mg(OH)₂ 与 Al(OH)₃ 在 HDPE 中共用时具有协同的阻燃效果，出现此现象有两个原因。首先，Mg(OH)₂ 和 Al(OH)₃ 的吸热分解温度的峰值相差 80℃左右，并且都在 HDPE 发生氧化放热反应的温度范围之内，因而可以在相当宽的温度范围内连续限制材料的温度上升和热氧降解反应发生。按照燃烧学的原理，一种材料在着火之前影响其着火的主要因素是温度和升温速度。因此，与单独使用这两种阻燃剂相比，使用两种具有不同分解温度的阻燃剂对材料的阻燃效果更好。其次，共用具有两种不同分解温度的阻燃剂时能在较宽的温度范围内连续释放出水蒸气，使高聚物着火前后周围环境中的氧浓度和可燃性气体的浓度都被稀释了，从而提高了材料的阻燃性能。

要点 33：红磷的应用

红磷已被用于阻燃多种高聚物材料和制品。如用于阻燃聚烯烃、聚苯乙烯、聚酯、聚酰胺、聚碳酸酯、聚甲醛、环氧树脂、不饱和聚酯、橡胶、纤维等，但最有效的还是用于阻燃含氧高聚物。

红磷在做阻燃剂时除了单独使用以外，还常与氢氧化铝共用（两者间具有阻燃协效作用）。表 1-25 及表 1-26 收集了几个红磷和氢氧化铝共用阻燃热固性树脂（环氧树脂和不饱和聚酯）的配方。

要点 34：聚磷酸铵的应用

短链 APP 可用在纤维素类织物、纸张、木材以及涤纶等大多数合成纤维织物的阻燃处理中。但由于短链 APP 具有水溶性，常易引发较强的吸湿性，使得被处理的织物有潮感、被处理的木材在高湿度环境下有返潮和喷霜现象发生，并对木材使用的聚醋酸乙烯酯类胶粘剂的黏结性能有影响。

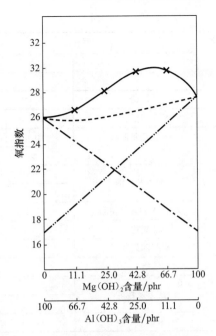

图 1-7 HDPE 中单独使用和混合使用 $Mg(OH)_2$ 及 $Al(OH)_3$ 时试样氧指数值的比较

×—× $Mg(OH)_2$ 和 $Al(OH)_3$ 混合使用 ——单独使用 $Al(OH)_3$ ——·——单独使用 $Mg(OH)_2$ ----单独使用 $Mg(OH)_2$ 和 $Al(OH)_3$ 时的加和值（phr 为每 100 质量份树脂中的含有份数）

以红磷及 $Al(OH)_3$ 阻燃环氧树脂的配方　　　　　表 1-25

配方及性能	Ⅰ（份）								
	序号								
	1	2	3	4	5	6	7	8	9
E-51 环氧树脂	100	100	100	100	100	100	100	100	100
甲基四氢苯酐	80	80	80	80	80	80	80	80	80
苄基甲基咪唑	1	1	1	1	1	1	1	1	1
ATH	150	100	150	90	60	120	30	150	150
红磷	—	—	10	12	16	8	20	8	20
硅微粉	—	—	—	60	90	30	120	—	—
固化时间（105℃）(h)	—	—	—	4	10	10	10	10	10
阻燃性能（UL 94)	V-0	V-0	V-0	V-0	V-0	V-0	V-0	V-0	V-0

配方及性能	Ⅱ（份）					
	序号					
	1	2	3	4	5	6
环氧树脂	100	100	100	100	100	100
ATH	50	60	70	58	60	70

续表

Ⅱ（份）

配方及性能	序号					
	1	2	3	4	5	6
红磷	30	20	10	5	5	5
氧化锆	2	5	4	3	3.5	3.5
三亚乙基四胺	10	10	10	10	10	10

Ⅲ（份）

配方及性能	序号			
	1	2	3	4
双酚 A 型环氧树脂	100	90	90	90
单环氧化合物	10	10	10	10
甲基四氢苯酐	80	80	80	80

Ⅲ（份）

配方及性能	序号			
	1	2	3	4
苄基二甲胺	1	1	1	1
红磷	12	16	8	20
ATH	90	60	120	30
硅石粉	60	90	30	120
硅烷偶联剂	1	1	1	1

以红磷及 ATH 阻燃不饱和聚酯的配方　　　　　　　　　　　表 1-26

Ⅰ/份

配方及性能	序号									
	1	2	3	4	5	6	7	8	9	10
不饱和聚酯	100	100	100	100	100	100	100	100	100	100
ATH	50	60	70	58	60	70	70	65	60	100
红磷	30	20	10	5	5	5	3	7	5	7
氧化锆	2	5	4	3	3.5	3.5	3	5	10	4

Ⅱ（份）

配方及性能	序号									
	1	2	3	4	5	6	7	8	9	10
不饱和聚酯	100	100	100	100	100	100	100	100	100	100
ATH	50	60	70	58	60	70	70	65	60	100
红磷	30	20	10	5	5	5	3	7	5	7
Sb_2O_3	3	3.5	4	3	3.5	3.5	3	5	7	4
阻燃性能（UL 94）	V-2	V-1	V-0	V-1	V-0	V-0	V-0	V-0	V-2	V-0

　　长链高分子量的 APP 则由于分解温度高、热稳定性好、吸湿性小、pH 值接近中性等优点，可与其他化学物质稳定地混合，并获得均匀良好的外观，因而用途十分广泛。它可以添加在塑料、橡胶、纤维、纸浆和纤维板中制成各种阻燃制品，也可以用于涂料、胶粘剂的阻燃化改性中，还可以作为干粉灭火剂用于森林、煤田、油田等大面积火灾的扑灭。

除此之外，APP的另一个重要用途是作为酸源，与碳源和气源并用，组成膨胀型阻燃体系或用于生产膨胀型防火涂料。

当APP的聚合度$n<20$时，在水中的溶解度约为$10\sim30g/100g\ H_2O$（20℃时），是最佳的木材浸渍处理剂。常压下浸渍马尾松、红松等木料，吸收药剂量为$25\sim30kg/m^3$时，木材的氧指数可达30%以上。若用分散剂和乳化剂等助剂把氢氧化铝等阻燃剂和APP混合配成水溶液或水乳液处理木材时，阻燃效果更好。

在实际应用时，APP常与其他阻燃剂并用，以获得协同的阻燃效果。常见的并用体系如：$APP+Mg(OH)_2$，$APP+Al(OH)_3$，$APP+$尿素，$APP+Sb_2O_3$等。

APP的阻燃配方示例如下。

1. 阻燃塑料制品

（1）聚乙烯配方：聚乙烯100份，聚磷酸铵$10\sim20$份，含氯70%的氯化聚乙烯10份。

在190℃的双辊筒炼塑机中进行混炼，用挤出机制成$12.7cm\times12.7cm\times0.7cm$的试条，按ASTM D635-56T进行耐燃试验，燃烧时间0s，无滴落。

（2）聚丙烯：

1）配方Ⅰ：聚丙烯75份，聚磷酸铵15份，三聚氰胺5份，三（2-羟乙基）异氰脲酸酯5份。

阻燃性能可达UL 94 V-0级，氧指数为30.4%。

2）配方Ⅱ：聚丙烯70份，聚磷酸铵15份，尼龙610份，三聚氰胺5份。

阻燃性能可达UL 94 V-0级（3.2mm），氧指数为29.0%。

（3）聚氨酯泡沫：

1）配方Ⅰ：聚醚型多元醇50份，聚磷酸铵10份，N,N-二甲基环己胺0.6份，有机硅消泡剂0.48份，一氟三氯甲烷10份，水0.4份，4,4'-二苯基甲烷二异氰酸酯60.4份。

混合后发泡可得到阻燃型聚氨酯泡沫。

2）配方Ⅱ：表面活性剂0.35份，聚磷酸铵20份，氢氧化铝50份，淀粉20份，水100份。

混合后在25℃时加入到100份聚乙二醇-TDI-三羟甲基丙烷共聚物中，发泡后得到阻燃聚氨酯泡沫，氧指数高达36.3%。

（4）酚醛树脂 配方：酚醛树脂100份，聚乙二醇2份，聚磷酸铵10份，AC发泡剂10份，羟基苯磺酸20份。

据此配方制得的酚醛泡沫塑料的氧指数可达52%，未加APP的为40%。

2. 阻燃橡胶制品

配方：3-氯-1，3-丁二烯橡胶100份，聚磷酸铵51份，三聚氰胺48份，双季戊四醇33份，氢氧化铝67份。

制得的橡胶氧指数为$27.0\%\sim27.5\%$，发烟量可比未经阻燃的材料减少46%。

3. 难燃板材、纸张、纤维

（1）刨花板：配方：木屑（或碎木片）100份，聚磷酸铵50份，双季戊四醇12份，氢氧化铝8份，55%甲醛-三聚氰胺-尿素共聚物40份。

按此配方热压制得的板材离火后立即自熄，燃烧时间为0s。

（2）纤维板：配方：木纤维浆液浓度1%，聚磷酸铵浆液浓度$20\%\sim25\%$，硫酸铝适量。

制成湿板后继续热压，温度在 180℃左右、压力 4.9MPa，加压 10min，再经 150℃、3h 加热机烘干得到的板材，阻燃性能可达到 JIS-A 1321 标准的难燃 3 级。

（3）纸张：配方：聚磷酸铵 25 份，水 975 份。

加热至 75℃，搅拌 1h 后得到半透明的溶液用于浸泡纸张，并于 80℃干燥。含 APP 4.3％的纸即为自熄纸。

（4）织物：配方：聚磷酸铵 45 份，水 55 份。

将此配方中的聚磷酸铵均匀分散于水中制得浆状水溶液后用于阻燃织物（如棉、涤棉、醋酸纤维、黏胶纤维、尼龙等），可获得良好的阻燃效果。常用水将其稀释至固含量为 15％～25％后使用。

4. 防火涂料

（1）配方 I：聚磷酸铵 22 份，季戊四醇 16 份，三聚氰胺 11 份，三聚氰胺一脲醛树脂 15 份，聚醋酸乙烯乳液 5 份，水 30.5 份，消泡剂 0.5 份。

配得的水乳状膨胀防火涂料涂刷在三合板上，热压可制成阻燃胶合板。

（2）配方 II：聚磷酸铵 20 份，季戊四醇 10 份，三聚氰胺-尿素树脂 20 份，氟硅酸钠（或细硅砂）50 份，水 30 份。

将上述配料混合 10min 可得发泡防火涂料。以 40g 涂料涂刷在 22cm×22cm×5.5mm 的胶合板上，于 120℃烘干 10min 可得膨胀防火涂层。

（3）配方 III：聚磷酸铵 28.4 份，双季戊四醇 8.2 份，三聚氰胺 8.8 份，氯化石蜡 8.7 份，甲基苯乙烯丁二烯树脂 7.1 份，钛白粉 6.4 份，有机溶剂 32.4 份。

按此配方配制的溶剂型防火涂料，涂层遇火膨胀，可形成蜂窝状的隔热层。

（4）配方 IV：聚磷酸铵 25 份，氢氧化铝 30 份，酚醛树脂纤维 3 份，二亚硝基亚戊基四胺 3 份，40％丙烯酸乳液 65 份，水 20 份。

将混合制得的水性膨胀防火涂料涂在 PVC 电缆包皮上（涂层厚 3.5mm），干燥 7d 后，电缆可在 700℃下经受 25min 的考验而不发生起火和燃烧。

（5）配方 V：聚磷酸铵 40 份，双氰胺 20 份，季戊四醇 20 份，碱式碳酸镁 10 份，乙烯-醋酸乙烯-氯乙烯三元共聚物 100 份，硬脂酸钙 5 份。

将制得的涂料涂在聚氯乙烯电缆包皮上，涂层厚 1mm 时即可使电缆具有自熄性。

（6）配方 VI：聚磷酸铵 60 份，季戊四醇 20 份，三聚氰胺 8 份，钛白粉 5 份，氢氧化铝 10 份，丙烯酸酯树脂 100 份，有机溶剂 40 份。

将上述配方制得的溶剂型防火涂料涂于五合板上，按《饰面型防火涂料》（GB 12441—2005）进行大板法试验，其耐燃时间可达 39min。

要点 35：硼系阻燃剂的应用

1. 硼酸锌的优点

硼酸锌是一种高流动性的微细结晶粉末，在使用时不需要特殊的处理就能很容易地分散在各类树脂中。作为一种多功能添加剂，硼酸锌具有下述优点。

（1）具有阻燃或阻燃增效作用：在大多数含卤环氧树脂体系中，硼酸锌与三氧化二锑间具有协同效应；在某些含卤不饱和聚酯体系中，硼酸锌与三氧化二锑和氢氧化铝都可以产生阻燃协同作用。在很多阻燃体系中以硼酸锌替代三氧化二锑，都可以降低材料的成本和毒性，但却不会降低材料的阻燃性能。

（2）抑烟：以硼酸锌替代三氧化二锑时，可使某些含卤聚酯的生烟量减少 40%，使某些含卤环氧树脂的生烟量大幅度降低。

（3）促进炭层的形成：硼酸锌有助于在材料燃烧时生成多孔的炭层并使炭层稳定。此外，在高聚物的燃烧温度下，硼酸锌还可与氢氧化铝生成类似于陶瓷的硬质多孔残渣。这都有利于隔绝热量和阻止空气扩散到材料内部。

（4）抑制阴燃和防止熔滴生成：在很多高聚物中，硼酸锌都不仅可以起到抑制阴燃的作用，而且还可以减少高温熔滴的生成。在建筑火灾中，高温熔滴通常都是危险的引火源。

（5）低毒：通常认为硼酸锌基本上是无毒的，不刺激皮肤和眼睛，无腐蚀性。

（6）价廉：硼酸锌的售价通常只有三氧化二锑的 1/3，并且密度仅是三氧化二锑的 1/2，因此如以体积论，硼酸锌的价格约合三氧化二锑的 1/6。

（7）透明性：硼酸锌的折射率恰好在大多数高聚物材料的折射率范围之内，因而将其用于树脂层压板时，可较好地保持板材的透明度。

（8）不易沉淀：由于硼酸锌的晶体密度远低于三氧化二锑，故配料时所需的能量小，在分散体系中也不易沉淀。

（9）其他：硼酸锌比三氧化二锑容易润湿，具有抗电弧性能，可促进金属与树脂的黏合，还能赋予材料抗菌性，并且硼酸锌对很多高聚物的强度、伸长率及热老化性能均无不良影响。

2. 硼酸锌的应用实例

在实际应用中，硼酸锌常与其他阻燃剂并用以发挥阻燃协效作用和抑烟功能。它一般和三氧化二锑 $[FB：Sb_2O_3＝(1：1)～(3：1)]$ 复合加入到聚氯乙烯、氯丁胶、卤化聚酯、氯化聚乙烯等含卤高聚物中，或与卤系阻燃剂一起应用于阻燃非卤高聚物。在含氯 15%～20%或含溴 10%～15%的树脂体系中，硼酸锌的建议用量为：每 100 份树脂加 1.5～5 份硼酸锌、1.5 份三氧化二锑或每 100 份树脂加 4～5 份硼酸锌、10～15 份氢氧化铝。

除含卤高聚物外，硼酸锌还可广泛应用于阻燃聚乙烯、聚丙烯、聚苯乙烯、聚酯、聚酰胺、聚碳酸酯、环氧树脂、丙烯酸酯等高聚物材料。在硅橡胶中，单一的硼酸锌也具有优异的阻燃性能。

下面简略叙述硼酸锌的阻燃应用实例。

（1）聚乙烯

配方：聚乙烯 70～75 份，十溴二苯醚 15～20 份，三氧化二锑 5 份，硼酸锌 5 份，抗氧剂 0.3 份。

按此配方制成的塑料氧指数可达 27%（未阻燃聚乙烯的氧指数为 18%左右）。

（2）聚丙烯

1）配方 I：聚丙烯 55 份，全氯环戊癸烷 25 份，三氧化二锑 5 份，硼酸锌 5 份，滑石粉 10 份，稳定剂 0.8 份。

按此配方制成的塑料的性能为：阻燃性能达 UL 94 V-0 级（150℃、30 天后性能不变）；在 60℃和相对湿度 100%下处理 96h 后，其介电常数为 2.49；导线直径为 10^{-3} m 时，击穿电压为 600V，体积电阻为 $10^{14}\Omega\cdot$ cm。

2）配方Ⅱ：聚丙烯 100 份，六溴环十二烷 3 份，三氧化二锑 1 份，硼酸锌 1 份，二异丙苯低聚物 0.5 份，稳定剂 1 份。

按此配方制得的阻燃聚丙烯的阻燃性能为 UL 94 V-0 级，氧指数达 32%以上，并且由于阻燃剂的用量少，对材料的物理力学性能无不良影响。

（3）聚氯乙烯

1）配方Ⅰ：聚氯乙烯 100 份，癸二酸二辛酯 50 份，三氧化二锑 12 份，硼酸锌 15 份，三盐基性硫酸铅 5 份，硬脂酸铅 1 份。

此为阻燃软质聚氯乙烯配方。按此配方制成的塑料的性能为：拉伸强度 18.2MPa；断裂伸长率 278%；耐寒性为－30℃不开裂；氧指数为 32%～34%；燃烧性能为 UL 94 V-0。此配方可用作 PVC 电线电缆护套材料，阻燃性能优良且加工性能好、成品的表面光洁性好。

2）配方Ⅱ：聚氯乙烯 100 份，邻苯二甲酸二异癸酯 52 份，三氧化二锑 3.5 份，硼酸锌 3.5 份，氯化石蜡 30 份，二茂铁（消烟剂）0.5 份。

此为阻燃聚氯乙烯泡沫塑料配方。按此配方制得的阻燃聚氯乙烯泡沫塑料具有高的阻燃性能，氧指数可达 38%～39%。

（4）聚苯乙烯

1）配方Ⅰ：聚苯乙烯 100 份，四溴双酚 A（2，3-二溴丙基酯）10～15 份，三氧化二锑 5 份，硼酸锌 5 份。

制品的氧指数可达 32%以上。

2）配方Ⅱ：聚苯乙烯 100 份，氯化环戊二烯 20 份，硼酸锌 3.35 份，三氧化二锑 3.35 份。

按此配方制成的制品氧指数可达 38%。

（5）聚酯

配方：聚对苯二甲酸二丁酯 100 份，溴化环氧树脂（含溴 52%）28.6 份，玻璃纤维 61.2 份，硼酸锌 10.2 份，三氧化二锑 4.1 份。

按此配方制成的塑料拉伸强度为 122.5MPa，冲击强度为 0.672J/cm^2，1.6mm 厚试片的续燃时间为 0s。

（6）不饱和聚酯玻璃钢

配方：不饱和聚酯 100 份，过氧化环己酮 2 份，环烷酸钴 1.5 份，FR-2 阻燃剂 15 份，三氧化二锑 5 份，硼酸锌 10 份，过氧化物 0.5 份，玻璃布 100 份。

按此配方制成的不饱和聚酯玻璃钢的阻燃性能良好，续燃时间为 0s。

（7）聚酰胺

配方：尼龙-66 45.5%，全氯环戊癸烷 10%，三氧化二锑 1%，硼酸锌 15%，硬脂酸锌 0.5%，玻璃纤维 28%。

按此配方制成的制品击穿电压为 47kV，拉伸强度为 137MPa，阻燃性能为 UL 94 V-0 级。

（8）氯丁橡胶

1）配方Ⅰ：氯丁橡胶 100 份，硬脂酸 0.5 份，Na-22 促进剂 0.5 份，防老剂 1 份，氧化镁 4 份，氧化锌 5 份，氯化石蜡 5 份，磷酸三甲苯酯 2.5 份，陶土 45 份，硼酸锌 17.5 份，三氧化二锑 17.5 份。

将上述物料放入混炼机中经充分混炼后于 160℃硫化，所得制品的氧指数为 46%；物理力学性能为：300%的定伸强度为 3.03MPa，拉伸强度为 15.78MPa，伸长率为 778%，扯断永久变形为 52%，邵氏硬度 64。经 70℃、144h 老化后相应的物理力学性能分别为：3.18MPa、14.01MPa、742%、42%和 66，老化系数为 0.836。此配方可用作橡胶运输带、密封圈等。

2）配方Ⅱ：氯丁橡胶 100 份，氧化锌 5 份，氧化镁 4 份，氢氧化铝 100 份，硼酸锌 15 份，三氧化二锑 10 份，陶土 70 份，碳酸钙 30 份，抗氧剂 2 份，稳定剂 5 份，硫化剂 5 份，TBC 5 份。

将上述物料放入混炼机中经充分混炼后于 160℃进行硫化，所得试片的自熄时间为 0s，可用作电缆护套材料。

3. 硼酸锌的抑烟性能

下面以软质聚氯乙烯为例说明硼酸锌的抑烟作用。

在以 Sb_2O_3 阻燃的软质 PVC（以 DOP 为增塑剂）中，以 50%的硼酸锌代替 Sb_2O_3，以 NITS 烟箱测定材料的比光密度显著下降，但材料氧指数的变化很小。单一的硼酸锌也能抑烟，但不起阻燃作用，结果见表 1-27。

硼酸锌对以 DOP 增塑的 PVC[①] 的抑烟及阻燃作用　　　　　　表 1-27

添加剂及用量（份/100 份 PVC）	D_m[②]	氧指数（%）
无	337	24.6
3（Sb_2O_3）	438	27.8
2（Firebrake ZB）	257（41）[③]	24.7
1.5（Sb_2O_3）+1.5（Firebrake ZB）	343（22）[③]	27.1
6（Sb_2O_3）	465	28.2
3（Sb_2O_3）+3（Firebrake ZB）	438（6）[③]	28.4

注：① 此软质 PVC 为每 100 份含 50 份 DOP 及稳定剂和其他添加剂。
　　② 为明燃最大比光密度。
　　③ 括号内的数值为比光密度降低的百分数。

表 1-27 的数据表明，在每百份以 3 份 Sb_2O_3 阻燃的软质 PVC 中，如以 1.5 份硼酸锌代替 1.5 份 Sb_2O_3，材料的最大比光密度可下降 22%，即比光密度值与未阻燃的 PVC 几乎相同，而材料的氧指数只降低 0.7%。如将 3 份 Sb_2O_3 全部用硼酸锌取代，材料的最大比光密度可下降 41%，即比未阻燃 PVC 的烟密度还低 24%，但材料的氧指数基本没有增加。这说明单一的硼酸锌对以 DOP 增塑的软质 PVC 无阻燃作用。

对以 DOP 及磷酸酯两者增塑的 PVC 来说，硼酸锌的抑烟和阻燃功能不受影响，结果见表 1-28。

硼酸锌对以 DOP 及磷酸酯两者增塑的软质 PVC[①] 的抑烟及阻燃作用　　　　表 1-28

添加剂及用量（份/100 份 PVC）	D_m[②]	D_s[④]	氧指数（%）
无	—	—	25.7
6.2（Sb_2O_3）	295	291	31.8

续表

添加剂及用量（份/100 份 PVC）	$D_m^{②}$	$D_s^{④}$	氧指数（%）
6.2（Firebrake ZB）	—	—	26.5
2.1（Sb_2O_3）+4.1（Firebrake ZB）	213（28）③	241（26）	29.6

注：① 材料配方为（份）：PVC 100，磷酸二苯异癸酯 20，DOP 26，$CaCO_3$ 41，硬脂酸 0.3，TiO_2 16，Ba/Cd/Zn
稳定剂 3，其他添加剂适量。
　　② 明燃最大比光密度。
　　③ 括号内的数值为比光密度下降的百分数。
　　④ 明燃 4min 时的比光密度。

对仅以磷酸酯增塑的软质 PVC 来说，当 100 份 PVC 中加入硼酸锌的量由 0.5 份增加
到 5 份时，不仅材料的比光密度大为下降，而且材料的氧指数也随硼酸锌用量的增加而升
高（见表 1-29 及图 1-8）。这说明此时单一的硼酸锌可同时具有抑烟及阻燃作用。

硼酸锌对以磷酸酯增塑的软质 PVC 的抑烟及阻燃作用　　　　　表 1-29

配方及性能	序号			
	1	2	3	4
PVC（份）	100	100	100	100
磷酸酯（份）	50	50	50	50
Firebrake ZB（份）	0.5	1	2	5
稳定剂（份）	2.5	2.5	2.5	2.5
D_m（阴燃）	92	79	71	60
氧指数（%）	30.6	30.9	31.2	32.1

表 1-30 列出了含硼酸锌的低烟 PVC 电线、电缆包覆料的配方和性能。

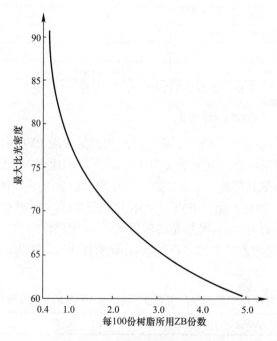

图 1-8　硼酸锌对以磷酸酯增塑的软质 PVC 的抑烟作用

低烟软质 PVC 电线、电缆包覆料配方　　　　　　　　　　　表 1-30

配方及性能	序号		
	1	2	3
PVC（份）	100	100	100
DOP（份）	50	—	—
聚酯-W2310（份）	—	55	45
Sb₂O₃（份）	—	10	10
ZB（份）	—	10	10
氢氧化铝（份）	—	40	50
二碱式硫酸铅（份）	1	1	1
Ba/Zn 稳定剂（份）	—	5	—
三碱式硫酸铅（份）	5	—	4
环氧油（份）	—	2	2
氧指数（%）	27.6	42.1	47.4
比光密度（C_{smax}）①	5.2	0.39	0.33

注：① $C_{smax}=(2.303/L)\times\lg(100/T)$，$L=0.5\text{m}$。

要点 36：三氧化二锑的应用

三氧化二锑通常与卤系阻燃剂并用，利用其协效作用发挥阻燃效果（或单独用于含有卤素的高聚物中）。目前主要可用于聚烯烃、聚氯乙烯、环氧树脂和不饱和聚酯的阻燃，也可用于丙纶、涤纶及尼龙等合成纤维的熔融纺丝中。

1. 阻燃聚乙烯

配方：聚乙烯 85 份，三氧化二锑 7.5 份，氯化石蜡-70 7.5 份。

阻燃材料的氧指数为 24.0%，燃烧性能为 UL 94 V-2 级。

2. 阻燃聚丙烯

配方：聚丙烯 80 份，三氧化二锑 5 份，十溴二苯醚 10 份。

所得制品的氧指数为 27.0%，燃烧性能为 UL 94 V-0 级。

3. 阻燃聚氯乙烯

硬质聚氯乙烯树脂本身可作为一种阻燃剂使用。但软质聚氯乙烯则由于在加工时加入了大量的增塑剂而变得可燃了。在聚氯乙烯中含有阻燃元素氯，因此加入三氧化二锑能显著改善它的阻燃能力，通常在 100 份 PVC 树脂中加入 2～10 份的三氧化二锑即能起到阻燃作用。

表 1-31 为三氧化二锑含量与软质聚氯乙烯氧指数的关系（配方为：PVC 树脂 100 份，增塑剂 DOP 50 份，稳定剂 2.5 份）。

三氧化二锑含量和软质聚氯乙烯氧指数的关系　　　　　　　　表 1-31

三氧化二锑含量（phr）	氧指数（%）
0	24.5
1	26.5
3	28.0
5	29.5

4. 阻燃聚苯乙烯

（1）配方Ⅰ：聚苯乙烯 85 份，三氧化二锑 5 份，十溴二苯醚 10 份。

所得制品的氧指数为 24.5%，燃烧性能为 UL 94 V-0 级。

（2）配方Ⅱ：聚苯乙烯 80 份，三氧化二锑 5 份，全氯环戊癸烷 15 份。

所得制品的氧指数为 24.5%，燃烧性能为 UL 94 V-1 级。

此外，高抗冲击聚苯乙烯（HIPS）中加入 12%～15% 的芳香族溴或氯阻燃剂和 5%～6% 的三氧化二锑，即可达到 UL 94 V-0 级。

5. 阻燃聚酯

一般来说，氯化聚酯中加入 5% 的三氧化二锑即可取得阻燃效果；在未经氯化处理的聚酯中加入三氧化二锑和卤系阻燃剂的混合物，就可制得阻燃聚酯。

（1）配方Ⅰ：非卤化聚酯 83.3 份，三氧化二锑 4.2 份，氯化石蜡-70 12.5 份。

所得制品的氧指数为 27.0%，自熄时间为 11s。

（2）配方Ⅱ：非卤化聚酯 77.0 份，三氧化二锑 11.5 份，氯化石蜡-70 11.5 份。

所得制品的氧指数为 27.0%，自熄时间为 9s。

6. 阻燃纤维和织物

（1）浸染法：将卷在卷筒上的纤维浸入含有三氧化二锑的阻燃溶液中，然后再烘干除去水分和溶液。为了使织物获得耐久的阻燃性能，还必须在阻燃溶液中加入适量的黏合剂。经过上述处理，纤维能防火、防霉、耐烫、耐气候变化。这种方法也适用于处理棉帆布。

阻燃溶液配方为：氯化石蜡-40 13%，黏合剂 7%，氯化石蜡-70 7%，颜料 9%，五氯苯酚 1%，碳酸钙 4%，有机溶剂 51%，三氧化二锑 7%。

（2）刷喷法：这种方法是将阻燃溶液涂刷或喷射在织物上。

阻燃溶液配方为：氯化石蜡-50 10.7%，增塑剂 0.7%，羧甲基纤维素 2.8%，乳化剂 0.5%，三氧化二锑 10.7%，有机硅消泡剂 0.03%，聚氯乙烯乳胶（固含量 52%）44.2%，喹啉 2.6%，水 17.7%。

7. 阻燃纸

三氧化二锑和氯化物的复合阻燃剂，在纸张中能起到很好的阻燃作用。其添加量视用途而定，大约为 5%～25%。氯化物包括聚氯乙烯、氯化石蜡等，加工方法可分为以下几种：

（1）浸染：这种方法适用于生产牛皮纸，在纸浆中加入三氧化二锑和 PVC 树脂的乳浊液。一般以干纸张总重量为基础，加入 13%～14% 的三氧化二锑和 5%～6% 的氯化物。

（2）浸渗：这种方法可用于多孔吸收性好的纸张，且纸张的湿拉力必须禁得住机械加工。阻燃液配方为：85/15 氯乙烯/丙烯酸酯 25%，三氧化二锑 25%，增塑剂 5%，水 45%。

（3）纸表上胶法：这种方法适用于挂历、画刊等厚型纸，但乳胶型阻燃剂的重量不得超过纸张总重量的 20%。如阻燃级别要求高，可在打浆机内加一些三氧化二锑在纸张中，然后再用 PVC 树脂或聚氯乙烯（10%～12%）对纸张作表面处理。

8. 阻燃橡胶

一般橡胶中加入三氧化二锑和卤系阻燃剂可明显改善其燃烧性能。含卤素橡胶中只需加入一点三氧化二锑就可达到要求。

（1）配方Ⅰ：天然橡胶 100％，三氧化二锑 30％，填料 50％，氯化石蜡 30％。

（2）配方Ⅱ：氯丁橡胶 100％，三氧化二锑 10％～25％，硬脂酸 0.5％～1％，氧化镁 4％，白垩粉 40％～50％，硫化镁 10％，硼酸锌 2.5％～10％，氯化石蜡-42 15％，磷酸三甲苯 10％～15％，抗氧剂 2％，碳氢油 10％。

9. 阻燃涂料

不少涂料都可以通过使用三氧化二锑取代其中的一些色料和用氯化石蜡取代其中的染色剂而获得阻燃效果。

（1）配方Ⅰ：高油醇酸树脂和干燥剂 17.5％，氯化橡胶 8.7％，三氧化二锑 24.6％，钛白粉 8.2％，溶剂 41％。

（2）配方Ⅱ：氯化橡胶 29％，氯化石蜡 9.5％，钛白粉 16.5％，三氧化二锑 10％，溶剂 35％。

要点 37：胶体五氧化二锑的应用

胶体五氧化二锑主要用于阻燃纤维和处理织物。以五氧化二锑代替三氧化二锑阻燃高聚物时可明显改善材料的物理力学性能。

1. 在阻燃维纶纺丝中的应用

维纶的阻燃改性一般以氯乙烯或偏氯乙烯为阻燃剂，并用三氧化二锑作增效剂。但是一般工业三氧化二锑的粒度大，容易引起喷丝头堵塞，为此必须将三氧化二锑进行研磨，既费时间又耗能源，而且还达不到理想的效果。而胶体五氧化二锑的水分散溶胶则能均匀并稳定地分散于纺丝浆液中，并能以极微小的颗粒渗透到纤维内部，获得理想的阻燃效果和耐洗牢度，阻燃织物的氧指数可达 30％。

2. 在织物阻燃整理中的应用

胶体五氧化二锑能均匀并稳定地分散在纺织浆液中，由于粒子微小，有极大的表面积，活性大，对织物的渗透力强，附着力高，因此耐洗牢度高而且不会影响织物的色泽。胶体五氧化二锑和有机溴化物的悬浮液（如六溴环十二烷、十溴联苯醚）复配可广泛应用于各种纤维织物的阻燃整理。如国际上通用的 Calibon FR/P-53 阻燃剂就是十溴联苯醚、胶体五氧化二锑、丙烯酸酯的混合物，可用于纯棉、涤-棉以及多种合成纤维织物的阻燃整理。尤其是胶体五氧化二锑和六溴环十二烷复配用于同浴染色/阻燃处理针织纯涤纶织物时，整理后的织物色泽好、手感好，阻燃性能优异。

3. 其他用途

干粉状胶体五氧化二锑还可用于 PVC 的阻燃，并可提高 PVC 制品的热稳定性和透明性。胶体五氧化二锑干粉用于丙纶的熔融纺丝也获得了良好的效果：纺丝性能良好、分散性好、所得织物的氧指数可达 27％。

由此看来，胶体五氧化二锑作为三氧化二锑的一种精细产品在化纤、织物以及黏合剂方面具有很大的潜在市场，是一种很有前途的阻燃剂。

要点38：锑酸钠的应用

锑酸钠在阻燃材料中的应用与三氧化二锑相似，也是作为卤系阻燃剂的增效剂使用。它还适用于那些不宜用三氧化二锑作增效剂的高聚物中。例如，锑酸钠可以用在聚碳酸酯（PC）和聚对苯二甲酸乙二醇酯（PET）中，而三氧化二锑在PC及PET中应用时会促使它们发生解聚反应。此外，锑酸钠的色调强度较三氧化二锑低，因此特别推荐将其用于需要深色调的配方中。

由于锑酸钠中的锑含量不如三氧化二锑高，因此在阻燃高聚物中的用量也相对略高。

要点39：三聚氰胺的应用

三聚氰胺作为阻燃剂最早用于膨胀防火涂料和聚氨酯泡沫中。它是膨胀阻燃剂体系和膨胀防火涂料中最常使用的气源，也是制备很多膨胀型阻燃剂组分（如各种磷酸盐、三聚氰酸盐、硼酸盐）的原料。此外，它还常与其他阻燃剂配成复合阻燃体系用于阻燃各种热塑性和热固性树脂。三聚氰胺尤其适用于含氮高聚物如聚氨酯和尼龙的阻燃改性。

1. 阻燃聚烯烃

要获得预期的阻燃效果，单独采用三聚氰胺阻燃聚烯烃时其添加量通常需要在60%以上。有资料显示：添加巯基苯并噻唑和二异丙基苯可以使三聚氰胺的用量减少到25份，所阻燃聚丙烯的氧指数在27%~29%，UL 94阻燃级别可达V-2~V-0级。

将三聚氰胺、煅烧高岭土和PPO复配用于阻燃EVA、交联聚乙烯电线电缆料时，可以使材料的阻燃性能达到UL 94 V-0级，氧指数大于30%，并且其他各项性能指标均能满足行业标准的要求。

此外，三聚氰胺还可与卤素阻燃剂、磷酸酯、红磷、氢氧化铝、氢氧化镁等阻燃剂复配使用，所制得的阻燃聚烯烃具有较好的综合性能。

2. 阻燃聚酯

三聚氰胺可用于无卤素、无磷的阻燃PBT材料中。添加适量助剂后，用量18%~35%的三聚氰胺即可制得阻燃级别达UL 94 V-0级的PBT。如要获得无滴落的阻燃PBT，在上述配方的基础上，再加入适量的硫酸钡或尿素与苯磷酰氯的缩聚物即可实现。

3. 阻燃尼龙

三聚氰胺及其衍生物在阻燃尼龙中的应用始于20世纪70年代。在过去的30年间，人们研究了一系列三聚氰胺及其衍生物在阻燃尼龙中的应用情况，表1-32列举了这类化合物对尼龙-6的阻燃效果。

三聚氰胺及其衍生物对尼龙-6的阻燃效果（氧指数）（%）　　　　　　　　表1-32

化合物名称	阻燃剂用量（%）				
	5	10	15	20	30
三聚氰胺	29	31	33	38	39
三聚氰胺磷酸盐	23	24	25	26	30

化合物名称	阻燃剂用量（%）				
	5	10	15	20	30
三聚氰胺焦磷酸盐	24	25	25	30	32
三聚氰胺氰尿酸盐	28	32	36	39	40

由于三聚氰胺对尼龙的阻燃效率较高，因此有关其用于尼龙阻燃的资料很多。一定黏度范围内的尼龙-6 或尼龙-66 只需添加 5%～8%的三聚氰胺即可通过 ASTM D 635 的测试。采用 10phr 三聚氰胺和 10phr 氯化锌时可以获得无滴落的 UL 94 V-0 级的阻燃尼龙，并且可以提高尼龙的热稳定性。在尼龙-6 与聚（2，6-二甲基苯基）醚（PPE）的合金中，三聚氰胺的添加量为 3～20phr 时即可使合金的阻燃性能达到 UL 94 V-0 级。

另外，当三聚氰胺单独使用或与硼酸锌、卤素阻燃剂复配时，对增强尼龙都有较好的阻燃效果。在含 30%玻璃纤维的尼龙-66 中加入 12%的三聚氰胺后，可使材料的阻燃性能达到 UL 94 V-0 级（0.8mm）。在尼龙聚合过程中或聚合后，加入 30%的三聚氰胺—三聚氰酸都可使其达到 UL 94 V-0 级且不起霜。有资料显示：滑石粉、钛白粉等无机填料的加入可提高三聚氰胺的阻燃效果。

三聚氰胺用于阻燃尼龙时遇到的最大的问题是其析出或起霜现象，在阻燃尼龙-6、尼龙-66、尼龙-6/尼龙-66 共混物时均有此现象发生。研究表明：这一问题可在采用非离子型表面活性剂、偶联剂、有机酸（盐）等物质对三聚氰胺进行改性后得以减小或消除，也可以通过改变聚合工艺降低尼龙的加工温度（<250℃）而得到改善。

4. 阻燃聚氨酯

由于三聚氰胺与合成聚氨酯的单体二异氰甲酸苯酯在结构上有相似性，因而对聚氨酯的物理化学性能影响小、应用效果较佳而得到大量应用。近年来，三聚氰胺与磷酸酯复配在阻燃聚氨酯泡沫中得到了广泛应用，可用于阻燃软质或硬质聚氨酯泡沫塑料。

5. 防火涂料

三聚氰胺常用在膨胀型防火涂料中，主要起发泡组分及阻燃剂的作用。

除了三聚氰胺可以用作阻燃剂外，近年来更常见的是它的无机盐，如盐酸盐、氢溴酸盐、硫酸盐、硼酸盐、磷酸盐和氰脲酸盐（MCA）等。市售的三聚氰胺磷酸盐有磷酸蜜胺盐（$C_3H_6N_6 \cdot H_3PO_4$）、磷酸二蜜胺盐 [$2(C_3H_6N_6) \cdot H_3PO_4$] 和焦磷酸蜜胺盐 [$2(C_3H_6N_6) \cdot H_4P_2O_7$] 等。不同的磷酸盐不仅组成不同，结构有差异，其溶解性、热稳定性和分散性也各不相同，因而阻燃效果不一样。但是它们都是膨胀型防火涂料中广泛采用的发泡组分，其效果比聚磷酸铵要好，而且还具有优良的耐候性。这类防火涂料广泛应用于工程建设中，特别是作为钢结构防火保护涂料和木质材料防火保护涂料使用。

要点 40：双氰胺的应用

双氰胺可用于制备三聚氰胺和胍盐阻燃剂。它可以用于生产防火涂料，主要起发泡剂、阻燃剂的作用，还可以用来生产阻燃黏合剂、阻燃木材以及作为尼龙的阻燃剂使用。目前双氰胺主要用于生产阻燃剂溶液，用于对木材、木制品、纸张、纸板、织物等易燃性纤维材料进行阻燃处理，使这些易燃的纤维材料变为难燃或阻燃材料。

　　双氰胺可以代替三聚氰胺，或者与三聚氰胺结合作为阻燃剂使用。将三聚氰胺与双氰胺按 1：1 的比例混合，添加量为 5％时即可使尼龙达到 UL 94 V-0 级阻燃级别，而且这种阻燃剂对制品撕裂强度的影响很小。此外，双氰胺还可用于制造木材防火胶。另外用双氰胺、甲醛和磷酸制备胶粘剂，以用于制造防火人造板。

　　除了少数品种外，大多数现有的氮系阻燃剂还存在着普遍适用性不理想、所阻燃的材料加工比较困难、在高聚物中的分散性较差、对粒度及粒度分布要求较严以及对某些高聚物的阻燃效率较差等问题。但随着人们对环境保护意识的增强和材料使用检测要求的日益严格，氮系阻燃剂以其低毒、低烟、低腐蚀性等良好的环境性能将得到更加广泛的关注。特别是由于它对一些含氮高聚物材料的阻燃具有特效，因此围绕着氮系阻燃剂开发和应用的研究逐渐深入，新技术和新品种不断出现，氮系阻燃剂的应用领域将不断拓展，用量将稳步增长。

第二章　建筑防火板材及应用

第一节　纸面石膏板

要点 1：纸面石膏板定义

纸面石膏板是以建筑石膏为主要原料制成的，此外还需加入一些适量的辅助材料如纤维、黏结剂、发泡剂、促凝剂和缓凝剂等，再经加水搅拌而形成料浆。生产时，将料浆浇注在行进中的面纸上，待成型后再覆以上层面纸，然后经固化、切割、烘干、切边等工艺而制成的两面为纸，中间是石膏芯材的薄板状制品即为纸面石膏板。

要点 2：板材种类与标记

纸面石膏板可分为普通纸面石膏板、耐水纸面石膏板、耐火纸面石膏板以及耐水耐火纸面石膏板四种。

1. 普通纸面石膏板（代号 P）

普通纸面石膏板是以建筑石膏为主要原料，掺入适量纤维增强材料和外加剂等，在与水搅拌后，浇注于护面纸的面纸与背纸之间，并与护面纸牢固地粘结在一起。

2. 耐水纸面石膏板（代号 S）

耐水纸面石膏板是以建筑石膏为主要原料，掺入适量纤维增强材料和耐水外加剂等，在与水搅拌后，浇注于耐水护面纸的面纸与背纸之间，并与耐水护面纸牢固地粘结在一起，旨在改善防水性能的建筑板材。

3. 耐火纸面石膏板（代号 H）

耐火纸面石膏板是以建筑石膏为主要原料，掺入无机耐火纤维增强材料和外加剂等，在与水搅拌后，浇注于护面纸的面纸与背纸之间，并与护面纸牢固地粘结在一起，旨在提高防火性能的建筑板材。

4. 耐水纸面石膏板（代号 SH）

耐水纸面石膏板是以建筑石膏为主要原料，掺入耐水外加剂和无机耐火纤维增强材料等，在与水搅拌后，浇注于耐水护面纸的面纸与背纸之间，并与耐水护面纸牢固地粘结在一起，旨在改善防水性能和提高防火性能的建筑板材。

要点 3：棱边形状与代号

纸面石膏板按棱边形状分为：矩形（代号 J）、倒角形（代号 D）、楔形（代号 C）和圆形（代号 Y）四种（图 2-1～图 2-4），也可根据用户要求生产其他棱边形状的板材。

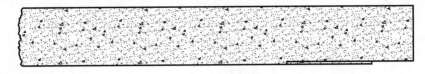

图 2-1　矩形棱边

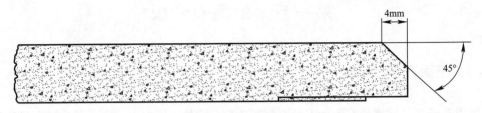

图 2-2　倒角形棱边

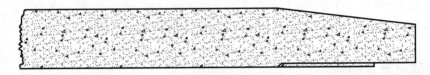

图 2-3　楔形棱边

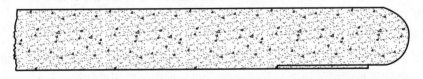

图 2-4　圆形棱边

要点 4：纸面石膏板规格尺寸

1. 板材的公称长度

1500mm、1800mm、2100mm、2400mm、2440mm、2700mm、3000mm、3300mm、3600 和 3660mm。

2. 板材的公称宽度

600mm、900mm、1200mm 和 1220mm。

3. 板材的公称厚度

9.5mm、12.0mm、15.0mm、18.0mm、21.0mm 和 25.0mm。

要点 5：纸面石膏板技术要求

1. 外观质量

纸面石膏板板面平整，不应有影响使用的波纹、沟槽、亏料、漏料和划伤、破损、污痕等缺陷。

2. 尺寸偏差

板材的尺寸偏差应符合表 2-1 的规定。

板材的尺寸偏差（mm） 表 2-1

项目	长度	宽度	厚度	
			9.5	≥12.0
尺寸偏差	−6～0	−5～0	±0.5	±0.6

3. 对角线长度差

板材应切割成矩形，两对角线长度差应不大于 5mm。

4. 楔形棱边断面尺寸

对于棱边形状为楔形的板材，楔形棱边宽度应为 30～80mm，楔形棱边深度应为 0.6mm～1.9mm。

5. 面密度

板材的面密度应不大于表 2-2 的规定。

板材的面面密度 表 2-2

板材厚度（mm）	面密度（kg/m³）
9.5	9.5
12.0	12.0
15.0	15.0
18.0	18.0
21.0	21.0
25.0	25.0

6. 断裂荷载

板材的断裂荷载应不小于表 2-3 的规定。

板材的断裂荷载 表 2-3

板材厚度（mm）	断裂荷载（N）			
	纵向		横向	
	平均值	最小值	平均值	最小值
9.5	400	360	160	140
12.0	520	460	200	180
15.0	650	580	250	220
18.0	770	700	300	270
21.0	900	810	350	320
25.0	1100	970	420	380

7. 硬度

板材的棱边硬度和端头硬度应不小于 70N。

8. 抗冲击性

经冲击后，板材背面应无径向裂纹。

9. 护面纸与芯材粘结性

护面纸与芯材应不剥离。

10. 吸水率（仅适用于耐水纸面石膏板和耐水耐火纸面石膏板）

板材的吸水率应不大于 10%。

11. 表面吸水量（仅适用于耐水纸面石膏板和耐水耐火纸面石膏板）

板材的表面吸水量应不大于 $160g/m^2$。

12. 遇火稳定性（仅适用于耐火纸面石膏板和耐水耐火纸面石膏板）

板材的遇火稳定性时间应不少于 20min。

第二节　装饰石膏板

要点 6：装饰石膏板定义

装饰石膏板是以建筑石青为主要原料，掺入适量纤维增强材料和外加剂，与水一起搅拌成均匀的料浆，经浇注成型、干燥而成的不带护面纸的装饰板材。

装饰石膏板具有轻质、防潮、高强、不变形、隔热、防火、可自动微调室内湿度等优点；并且其施工方便、快速（一般多采用将其四边搭装于 T 形金属龙骨两翼上的安装方式来进行施工，通常都组装成明龙骨吊顶）；而且其可加工性能好，可以进行锯、钉、刨、钻加工，还可以进行粘接。

要点 7：装饰石膏板的分类与规格

根据板材正面形状和防潮性能的不同，装饰石膏板的分类及代号见表 2-4。

石膏板按性能分类及代号　　　　　　　　　　　　　　　　表 2-4

分类	普通板			防潮板		
	平板	孔板	浮雕板	平板	孔板	浮雕板
代号	P	K	D	FP	FK	FD

装饰石膏板为正方形，其棱边断面形式有直角型和倒角型两种。规格有 500mm× 500mm×9mm、600mm×600mm×11mm 两种。

要点 8：装饰石膏板的技术要求

1. 外观质量

装饰石膏板正面不应有影响装饰效果的气孔、污痕、裂纹、缺角、色彩不均匀和图案不完整等缺陷。

2. 板材尺寸允许偏差、不平度和直角偏离度

板材尺寸允许偏差、不平度和直角偏离度应不大于表 2-5 的规定。

板材尺寸允许偏差、不平度和直角偏离度（mm）　　　　表 2-5

项　　目	指　　标
边长	＋1 －2
厚度	±10
不平度	2.0
直角偏离度	2

3. 物理力学性能

产品的物理力学性能应符合表 2-6 的要求。

物理力学性能　　　　表 2-6

序号	项　　目		指　　标					
			P，K，FP，FK			D，FD		
			平均值	最大值	最小值	平均值	最大值	最小值
1	单位面积质量（kg/m²），≤	厚度 9mm	10.0	11.0	—	13.0	14.0	—
		厚度 11mm	12.0	13.0	—	—	—	—
2	含水率（%），≤		2.5	3.0	—	2.5	3.0	—
3	吸水率（%），≤		8.0	9.0	—	8.0	9.0	—
4	断裂荷载（N），≥		147	—	132	167	—	150
5	受潮挠度（mm），≤		10	12	—	10	12	—

注：D 和 FD 的厚度指棱边厚度。

第三节　嵌装式装饰石膏板

要点 9：嵌装式装饰石膏板定义

嵌装式装饰石膏板是以建筑石膏为主要原料，掺入适量的纤维增强材料和外加剂，与水一起搅拌成均匀的料浆，经浇注成型、干燥而成的不带护面纸的板材。板材背面四边加厚，并带有嵌装企口，板材正面可为平面、带孔或带浮雕图案。

嵌装式装饰石膏板同装饰石膏板一样，都具有密度适中的特点，并且还具有一定的强度以及良好的防火性能、隔声性能（当嵌装式装饰石膏板的背面复合有耐火、吸声材料时），同时它还具有施工安装简便、快速的特点。由于其制作工艺为采用浇注法成型，所以能制成具有浮雕图案的并且风格独特的板材。除此之外，嵌装式装饰石膏板最大的特点是板材背面四边被加厚，并且带有嵌装企口，因此可以采用嵌装的形式来进行吊顶的施工，所以施工完毕后的吊顶表面既无龙骨显露（称为暗龙骨吊顶），又无紧固螺钉帽显露（采用嵌装方式施工时，板材不用任何紧固件固定），吊顶显得美观、大方、典雅。

要点 10：嵌装式装饰石膏板的分类与规格

1. 形状

嵌装式装饰石膏板为正方形，其棱边断面形式有直角型和倒角型。

2. 类型和代号

产品分为普通嵌装式装饰石膏板（代号为 QP）和吸声用嵌装式装饰石膏板（代号为 QS）两种。

3. 规格

嵌装式装饰石膏板的规格如下：

（1）边长 600mm×600mm，边厚不小于 28mm。

（2）边长 500mm×500mm，边厚不小于 25mm。

其他形状和规格的板材，由供需双方商定。

要点 11：嵌装式装饰石膏板的技术要求

1. 外观质量

嵌装式装饰石膏板正面不得有影响装饰效果的气孔、污痕、裂纹、缺角、色彩不均和图案不完整等缺陷。

2. 尺寸及允许偏差

板材边长（L）、铺设高度（H）和厚度（S）（图 2-5）的允许偏差、不平度和直角偏离度（δ）应符合表 2-7 的规定。

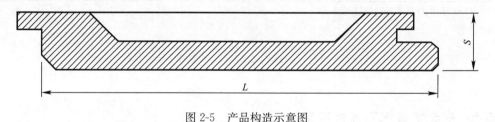

图 2-5　产品构造示意图

尺寸及允许偏差（mm）　　　　　　　　　　　　　　　　　　表 2-7

项　　目		技术要求
边长 L		±1
边厚 S	$L=500$	≥25
	$L=600$	≥28
铺设高度 H		±1.0
不平度		≤1.0
直角偏离度 δ		≤1.0

3. 物理力学性能

板材的单位面积重量、含水率和断裂荷载应符合表 2-8 的规定。

物理力学性能　　　　　　　　　　　　　　　　　　　　　　表 2-8

项　　目		技术要求
单位面积重量（kg/m²）	平均值	≤16.0
	最大值	≤18.0

项　目		技术要求
含水率（%）	平均值	≤3.0
	最大值	≤4.0
断裂荷载（N）	平均值	≥157
	最大值	≥127

4. 对吸声板的附加要求

嵌装式吸声石膏板必须具有一定的吸声性能，125、250、500、1000、2000 和 4000Hz 六个频率混响室法平均吸声系数 $\alpha_s \geq 0.3$。

对于每种吸声石膏板产品必须附有贴实和采用不同构造安装的吸声频谱曲线。

穿孔率、孔洞形式和吸声材料种类由生产厂自定。

第四节　吸声用穿孔石膏板

要点 12：吸声用穿孔石膏板的分类与规格

1. 棱边形状

板材棱边形状分为直角型和偏角型两种。

2. 规格尺寸

边长规格为 500mm×500mm 和 600mm×600mm；厚度规格为 9mm 和 12mm。孔径、孔距规格与穿孔率见表 2-9。

孔径、孔距规格与穿孔率（%）　　　　　　表 2-9

孔径（mm）	孔距（mm）	穿孔率	
		孔眼正方形排列	孔眼三角形排列
φ6	18	8.7	10.1
	22	5.8	6.7
	24	4.9	5.7
φ8	22	10.4	12.0
	24	8.7	10.1
φ10	24	13.6	15.7

3. 基板与背覆材料

根据板材的基板不同于有无背覆材料，其分类和标记见表 2-10。

基板与背覆材料　　　　　　表 2-10

基板与代号	背覆材料代号	板类代号
装饰石膏板 K	无背覆材料 W	WK、YK
纸面石膏板 C	有背覆材料 Y	WC、YC

要点 13：吸声用穿孔石膏板的技术要求

1. 使用条件

吸声用穿孔石膏板主要用于室内吊顶和墙体的吸声结构中。在潮湿环境中使用或对耐火性能有较高要求时，则应采用相应的防潮、耐水或耐火基板。

2. 外观质量

吸声用穿孔石膏板不应有影响使用和装饰效果的缺陷。对以纸面石膏板为基板的板材不应有破损、划伤、污痕、凹凸、纸面剥落等缺陷；对以装饰石膏板为基板的板材不应有裂纹、污痕、气孔、缺角、色彩不均匀等缺陷。并且穿孔应垂直于板面。

3. 尺寸允许偏差

板材的尺寸允许偏差应符合表 2-11 的规定。

板材的尺寸允许偏差（mm）　　　　　　　　　　　　　　表 2-11

项　　目	技术指标
边长	+1；-2
厚度	±1.0
不平度	≤2.0
直角偏离度	≤1.2
孔径	±0.6
孔距	±0.6

4. 含水率

板材的含水率应不大于表 2-12 中的规定值。

板材的含水率（%）　　　　　　　　　　　　　　表 2-12

含　水　率	技术指标
平均值	2.5
最大值	3.0

5. 断裂荷载

板材的断裂荷载应不小于表 2-13 中的规定值。

板材的断裂荷载（N）　　　　　　　　　　　　　　表 2-13

孔径/孔距（mm）	厚度（mm）	技术指标	
		平均值	最小值
$\phi6/18$ $\phi6/22$ $\phi6/24$	9	130	117
	12	150	135
$\phi8/22$ $\phi8/24$	9	90	81
	12	100	90
$\phi10/24$	9	80	72
	12	90	81

6. 护面纸与石膏芯的粘结

以纸面石膏板为基板的板材，护面纸与石膏芯的粘结按规定的方法测定时，不允许石膏芯裸露。

第五节　石膏空心条板

要点 14：石膏空心条板的定义

石膏空心条板是以建筑石膏为基材，掺加适量的水泥和粉煤灰等无机轻骨料，并加入少量的无机增强纤维（或适量膨胀珍珠岩），经料浆拌和、浇注成型、抽芯、干燥等工艺而制成的一种轻质空心板材，代号为 SGK。它具有质量轻、强度高、隔热、隔声、防火等各项优异的性能，可进行锯、刨、钻加工，施工简便，主要用作工业与民用建筑物的非承重内墙。

要点 15：石膏空心条板的外形和规格

1. 外形

石膏空心条板的外形和断面如图 2-6 和图 2-7 所示，空心条板的长边应设榫头和榫槽或双面凹槽。

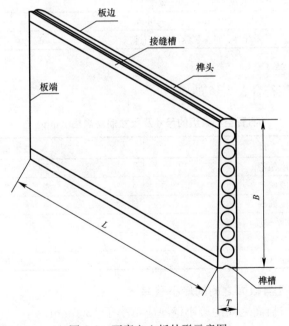

图 2-6　石膏空心板外形示意图

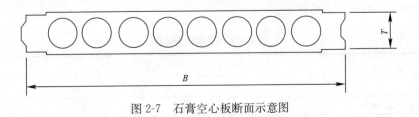

图 2-7　石膏空心板断面示意图

49

2. 规格

石膏空心条板的规格见表 2-14。

石膏空心条板的规格（mm）　　　　　　　　　　　表 2-14

长度 L	宽度 B	厚度 T
2100～3000	600	60
		90
2100～3600		120

要点 16：石膏空心条板的技术要求

1. 外观质量

外表面不应有影响使用的缺陷，具体应符合表 2-15 的规定。

石膏空心条板的外观质量　　　　　　　　　　　表 2-15

项　目	指标
缺棱掉角，长度×宽度×深度（25mm×10mm×5mm）～（30mm×20mm×10mm）	不多于 2 处
板面裂纹，长度小于 30mm，宽度小于 1mm	
气孔，大于 5mm，小于 10mm	
外露纤维、贯穿裂缝、飞边毛刺	不应有

2. 尺寸及尺寸偏差

尺寸及尺寸偏差应符合表 2-16 的规定。

石膏空心条板的尺寸及尺寸偏差规格（mm）　　　　　　表 2-16

项　目	技术指标
长度偏差	±5
宽度偏差	±2
宽度偏差	±1
板面平整度	≤2
对角线差	≤6
侧面弯曲	≤$L/1000$

3. 孔与孔之间和孔与板面之间的最小壁厚

孔与孔之间和孔与板面之间的最小壁厚应不小于 12.0mm。

4. 面密度

面密度应符合表 2-17 的规定。

石膏空心条板的面密度　　　　　　　　　　　　表 2-17

项　目	厚度 T（mm）		
	60	90	120
面密度（kg/m²）	≤45	≤60	≤75

5. 力学性能

力学性能应符合表 2-18 的规定。

石膏空心条板的力学性能　　　　　　　　　　表 2-18

序号	项 目	指标
1	抗弯破坏荷载，板自重倍数	≥1.5
2	抗冲击性能	无裂纹
3	单点吊挂力	不破坏

第六节　石 膏 砌 块

要点 17：石膏砌块的定义

石膏砌块是以建筑石膏为主要原料，经加水搅拌、浇注成型和干燥制成的建筑石膏制品，其外形为长方体，纵横边缘分别设有榫头和榫槽。生产中允许加入纤维增强材料或其他骨料，也可加入发泡剂、憎水剂。

石膏砌块具有质轻、防火、隔热、隔声和可调节室内湿度等诸多良好的性能，并且可锯、可钉、可钻，表面平坦光滑，不用在墙体表面进行抹灰，施工简便。使用石膏砌块作墙体能够有效地减轻建筑物的自重，降低基础造价，提高抗震能力，并且可以增加建筑物内的有效使用面积，主要可以作为工业和民用建筑物中的框架结构以及其内部的非承重内隔墙材料使用。石膏砌块既可以用作一般的分室隔墙材料使用，也可以采取复合结构用于砌筑对隔声要求较高的隔墙。

要点 18：石膏砌块的分类与规格

1. 分类

（1）按石膏砌块的结构分类

1）空心石膏砌块：带有水平或垂直方向预制孔洞的砌块，代号 K。

2）实心石膏砌块：无预制孔洞的砌块，代号 S。

（2）按石膏砌块的防潮性能分类

1）普通石膏砌块：在成型过程中未做防潮处理的砌块，代号 P。

2）防潮石膏砌块：在成型过程中经防潮处理，具有防潮性能的砌块，代号 F。

2. 规格

石膏砌块规格见表 2-19。若有其他规格，可由供需双方商定。

石膏砌块的规格尺寸（mm）　　　　　　　　　　表 2-19

项 目	公称尺寸
长度	600、666
高度	500
厚度	80、100、120、150

要点 19：石膏砌块的技术要求

1. 外观质量

外表面不应有影响使用的缺陷，具体应符合表 2-20 的规定。

石膏砌块的外观质量　　　　　　　　　　　　　　　表 2-20

项目	指标
缺角	同一砌块不应多于 1 处，缺角尺寸应小于 30mm×30mm
板面裂缝、裂纹	不应有贯穿裂缝；长度小于 30mm，宽度小于 1mm 的非贯穿裂纹不应多于 1 条
气孔	直径 5～10mm 不应多于 2 处；大于 10mm 不应有
油污	不应有

2. 尺寸和尺寸偏差

尺寸和尺寸偏差应符合表 2-21 的规定。

石膏砌块的尺寸和尺寸偏差（mm）　　　　　　　　　　表 2-21

序号	项　目	指标
1	长度偏差	±3
2	高度偏差	±2
3	厚度偏差	±1.0
4	孔与孔之间和孔与板面之间的最小壁厚	≥15.0
5	平整度	≤1.0

3. 物理力学性能

石膏砌块的物理力学性能应符合表 2-22 的规定。

石膏砌块的物理力学性能　　　　　　　　　　　　　　表 2-22

项　目		要求
表观密度（kg/m³）	实心石膏砌块	≤1100
	空心石膏砌块	≤800
断裂荷载（N）		≥2000
软化系数		≥0.6

第七节　硅酸钙板材

要点 20：硅酸钙板的定义

硅酸钙材料的密度范围较广，大致为 100～2000kg/m³。轻质产品适宜用作保温或填充材料使用；中等密度（400～1000kg/m³）的制品，主要用作墙壁材料和耐火覆盖材料使用；密度为 $1000kg/m^3$ 以上的制品，主要用作墙壁材料、地面材料或绝缘材料使用。

硅酸钙板是一种平板状硅酸钙绝热制品。它是将硅质材料、钙质材料及纤维增强材料（含石棉纤维或非石棉纤维）等主要原料和大量的水混合并经搅拌、凝化、成型、蒸压、养护、干燥等工序制作而成的一种轻质、防火的建筑板材。该板材中纤维分布均匀，排列有序，密实性好。而且，它还具有较好的防火、隔热、防潮、不霉烂变质、不被虫蛀、不变形和耐老化的特性。板材的正表面较平整光洁，边缘整齐，没有裂纹、缺角等缺陷。可以在板材表面任意涂刷各种涂料，也可以印刷花纹，还可以粘贴各种墙布和壁纸。并且，它具有和木板一样的锯、刨、钉、钻等可加工性能，可以根据实际需要裁截成各种规格的尺寸。

要点 21：硅酸钙板的分类与规格

（1）硅酸钙板密度分为四类：D0.8、D1.1、D1.3、D1.5。

（2）硅酸钙板表面处理状态分为未砂板（NS）、单面砂光板（LS）及双面砂光板（PS）。

（3）硅酸钙板抗折强度分为四个等级：Ⅱ级、Ⅲ级、Ⅳ级、Ⅴ级。

（4）硅酸钙板的规格尺寸见表 2-23。

表 2-23

硅酸钙板的规格尺寸

项目	公称尺寸（mm）
长度	500～3600（500、600、900、1200、2400、2440、2980、3200、3600）
宽度	500～1250（500、600、900、1200、1220、1250）
厚度	4、5、6、8、9、10、12、14、16、18、20、25、30、35

注：1. 长度、宽度规定了范围，括号内尺寸为常用的规格，实际产品规格可在此范围内按建筑模数的要求进行选择。

2. 根据用户要求，可按供需双方合同要求生产其他规格的产品。

要点 22：硅酸钙板的技术要求

1. 外观质量

外观质量应符合表 2-24 的规定。

表 2-24

硅酸钙板的外观质量

项目	质量要求
正表面	不得有裂纹、分层、脱皮，砂光面不得有未砂部分
背面	砂光板未砂面积小于总面积的 5%
掉角	长度方向≤20mm，宽度方向≤10mm，且一张板≤1 个
掉边	掉边深度≤5mm

2. 形状与尺寸偏差

形状与尺寸偏差应符合表 2-25 的规定。

硅酸钙板的形状与尺寸偏差　　　　　　　表 2-25

项　　目		形状与尺寸偏差
长度 L（mm）	＜1200	±2
	1200～2440	±3
	＞2440	±5
宽度 H（mm）	≤900	0 / −3
	＞900	±3
厚度 e（mm）	NS	±0.5
	LS	±0.4
	PS	±0.3
厚度不均匀度	NS	≤5%
	LS	≤4%
	PS	≤3%
边缘直线度（mm）		≤3
对角线差（mm）	长度＜1200	≤3
	长度 1200～2440	≤5
	长度＞2440	≤8
平整度（mm）		未砂面≤2；砂光面≤0.5

3. 物理性能

物理性能应符合表 2-26 的规定。

硅酸钙板的物理性能　　　　　　　　　表 2-26

类别	D0.8	D1.1	D1.3	D1.5
密度（g/cm³）	≤0.95	0.95＜D≤1.20	1.20＜D≤1.40	＞1.40
导热系数［W/(m·K)］	≤0.20	≤0.25	≤0.30	≤0.35
含水率	≤10%			
湿涨率	≤0.25%			
热收缩率	≤0.50%			
不燃性	《建筑材料及制品燃烧性能分级》（GB 8624—2012）A 级，不燃材料			
不透水性	—		24h 检验后允许板反面出现湿痕，但不得出现水滴	
抗冻性	—		经 25 次冻融循环，不得出现破裂、分层	

4. 抗折强度

抗折强度应符合表 2-27 的规定。

| 强度等级 | 抗 折 强 度 | | | | 表 2-27 |

抗 折 强 度　表 2-27

强度等级	D0.8	D1.1	D1.3	D1.5	纵横强度比
Ⅱ级	5	6	8	9	
Ⅲ级	6	8	10	13	58%
Ⅳ级	8	10	12	16	
Ⅴ级	10	14	18	22	

注：1. 蒸压养护制品试样龄期为出压蒸釜后不小于 24h。

2. 抗折强度为试件干燥状态下测试的结果，以纵、横向抗折强度的算术平均值为检验结果；纵横强度比为同块试件纵向抗折强度与横向抗折强度之比。

3. 干燥状态是指试样在（105±5）℃干燥箱中烘干一定时间时的状态，当板的厚度≤20mm 时，烘干时间不低于 24h，而当板的厚度＞20mm 时，烘干时间不低于 48h。

4. 表中列出的抗折强度指标为表 7 抗折强度评定时的标准低限值（L）。

第八节　维纶纤维增强水泥平板

要点 23：维纶纤维增强水泥平板的分类与规格

维纶纤维增强水泥平板（VFRC）按密度分为维纶纤维增强水泥板（A 型板）和维纶纤维增强水泥轻板（B 型板），A 型板主要用于非承重墙体、吊顶、通风道等，B 型板主要用于非承重内隔墙、吊顶等。维纶纤维增强水泥平板的规格尺寸见表 2-28。

维纶纤维增强水泥平板的规格尺寸　表 2-28

项　　目	公称尺寸（mm）
长度	1800，2400，3000
宽度	900，1200
厚度	4，5，6，8，10，12，15，20，25

注：其他规格平板可由供需双方协商产生。

要点 24：维纶纤维增强水泥平板的技术要求

1. 外观质量

（1）板的正表面应平整，边缘整齐，不得有裂纹、缺角等缺陷。

（2）边缘平直度，长度、宽度的偏差均不应大于 2mm/m。

（3）边缘垂直度的偏差不应大于 3mm/m。

（4）板厚度 e≤20mm 时，表面平整度不应超过 4mm；板厚度 e 在 20mm＜e≤25mm 时，表面平整度不应超过 3mm。

2. 尺寸允许偏差

平板的尺寸允许偏差应符合表 2-29 规定。

维纶纤维增强水泥平板的尺寸允许偏差（mm） 表 2-29

项　　目		尺寸允许偏差
长度		±5
宽度		±5
厚度	$e=4$，5，6 时	±0.5
	$e=8$，10，12，15，20，25 时	±0.1e
厚度不均匀度（%）		<10

注：1. 厚度不均匀度是指同一块板最大厚度与最小厚度之差除以公称厚度。
2. e 为平板的公称厚度。

3. 物理力学性能

平板的物理力学性能应符合表 2-30 规定。

物理力学性能 表 2-30

项　　目	A 型板	B 型板
密度（g/cm³）	1.6～1.9	0.9～1.2
抗折强度（MPa），≥	13.0	8.0
抗冲击强度（kJ/m²），≥	2.5	2.7
吸水率（%），≤	20.0	—
含水率（%），≤	—	12.0
不透水性	经 24h 试验，允许板底面有洇纹，但不得出现水滴	—
抗冻性	经 25 次冻融循环，不得有分层等破坏现象	—
干缩率（%），≤	—	0.25
燃烧性	不燃	不燃

注：1. 试验时，试件的龄期不小于 7d。
2. 测定 B 型板的抗折强度、抗冲击强度时，采用气干状态的试件。

第九节　玻璃纤维增强水泥（GRC）轻质多孔隔墙条板

要点 25：玻璃纤维增强水泥轻质多孔隔墙条板的分类、规格和分级

（1）GRC 轻质多孔隔墙条板的型号按板的厚度分为两类：90 型、120 型。

（2）GRC 轻质多孔隔墙条板的型号按板型分为四类：普通板（PB）、门框板（MB）、窗框板（CB）、过梁板（LB）。

（3）GRC 轻质多孔隔墙条板采用不同企口和开孔形式，规格尺寸应符合表 2-31 的规定。图 2-8 和图 2-9 所示为一种企口与开孔形式的外形和断面示意图。

产品型号及规格尺寸（mm） 表 2-31

型号	长度（L）	宽度（B）	厚度（T）	接缝槽深（a）	接缝槽宽（b）	壁厚（c）	孔间肋厚（d）
90	2500～3000	600	90	2～3	20～30	≥10	≥20
120	2500～3500	600	120	2～3	20～30	≥10	≥20

注：其他规格尺寸可由供需双方协商解决。

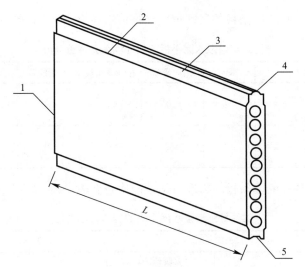

图 2-8　GRC 轻质多孔隔墙条板外形示意图

1—板端；2—板边；3—接缝槽；4—榫头；5—榫槽

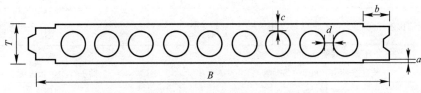

图 2-9　GRC 轻质多孔隔墙条板断面示意图

（4）GRC 轻质多孔隔墙条板按其外观质量、尺寸偏差及物理力学性能分为一等品（B）、合格品（C）。

要点 26：玻璃纤维增强水泥轻质多孔隔墙条板的技术要求

（1）GRC 轻质多孔隔墙条板的外观质量应符合表 2-32 中的规定。

维纶纤维增强水泥平板的外观质量　　　　　　　　　　表 2-32

项　　目		等级	
		一等品	合格品
缺棱掉角	长度（mm），≤	20	50
	宽度（mm），≤	20	50
	数量，≤	2 处	3 处
板面裂缝		不允许	
蜂窝气孔	长径（mm），≤	10	30
	宽径（mm），≤	4	5
	数量，≤	1 处	3 处
飞边毛刺		不允许	
壁厚（mm），≥		10	
孔间肋厚（mm），≥		20	

（2）GRC 轻质多孔隔墙条板的尺寸偏差允许值应符合表 2-33 规定。

维纶纤维增强水泥平板的尺寸偏差允许值（mm）　　　　　表 2-33

项目	长度	宽度	厚度	侧向弯曲	板面平整度	对角线差	接缝槽宽	接缝槽深
一等品	±3	±1	±1	≤1	≤2	≤10	+2 0	+0.5 0
合格品	±5	±2	±2	≤2	≤2	≤10	+2 0	+0.5 0

（3）GRC 轻质多孔隔墙条板的物理力学性能应符合表 2-34 规定。

维纶纤维增强水泥平板的物理力学性能　　　　　表 2-34

项 目		一等品	合格品
含水率（%）	采暖地区，≤	10	
	非采暖地区，≤	15	
气干面密度（kg/m²）	90 型，≤	75	
	120 型，≤	95	
抗拉破坏荷载（N）	90 型，≥	2200	2000
	120 型，≥	3000	2800
干燥收缩值（mm/m），≤		0.6	
抗冲击性（30kg，0.5m 落差）		冲击 5 次，板面无裂缝	
吊挂力（N），≥		1000	
空气声计权隔声量（dB）	90 型，≥	35	
	120 型，≥	40	
抗折破坏荷载保留率（耐久性）（%），≥		80	70
放射性比活度	I_{Re}，≤	1.0	
	I_γ，≤	1.0	
耐火极限（h），≥		1	
燃烧性能		不燃	

第十节　玻璃纤维增强水泥外墙板

要点 27：玻璃纤维增强水泥外墙板的分类

（1）按照板的构造分类时，四种类型板的代号与主要特征见表 2-35。

按照板的构造分类时，四种类型板的代号与主要特征　　　　　表 2-35

类型	代号	主要特征
单层板	DCB	小型或异形板，自身形状能够满足刚度和强度要求
有肋单层板	LDB	小型板或受空间限制不允许使用框架的板（如柱面板），可根据空间情况和需要加强的位置，做成各种形状的肋

续表

类型	代号	主要特征
框架板	KJB	大型版，由 GRC 棉板与轻钢框架或结构钢框架组成，能够适应板内部热量变化或水分变化引起的变形
夹芯板	JXB	由两个 GRC 面板和中间填充层组成

（2）按照板有无装饰层将其分为有装饰层板和无装饰层板。

要点 28：玻璃纤维增强水泥外墙板的技术要求

1. 外观

板应边缘整齐，外观面不应有缺棱掉角，非明显部位缺棱掉角允许修补。

侧面防水缝部位不应有孔洞：一般部位孔洞的长度不应大于 5mm、深度不应大于 3mm，每 m^2 板上孔洞不应多于 3 处。有特殊表面装饰效果要求时除外。

2. 尺寸允许偏差

尺寸允许偏差不得超过表 2-36 中的规定。

尺寸允许偏差 表 2-36

项　　目	主要特征
长度	墙板长度≤2m 时，允许偏差：±3mm/m 墙板长度>2m 时，总的允许偏差：≤±6mm/m
宽度	墙板宽度≤2m 时，允许偏差：±3mm/m 墙板宽度>2m 时，总的允许偏差：≤±6mm/m
厚度	0～3mm
板面平整度	≤5mm；有特殊表面装饰效果要求时除外
对角线差（仅适用于矩形板）	板面积小于 $2m^2$ 时，对角线差≤5mm；板面积等于或大于 $2m^2$ 时，对角线差≤10mm

3. 物理力学性能

GRC 结构层的物理力学性能应符合表 2-37 规定。

物理力学性能指标 表 2-37

性　　能		指标要求
抗弯比例极限强度（MPa）	平均值	≥7.0
	单块最小值	≥6.0
抗弯极限强度（MPa）	平均值	≥18.0
	单块最小值	≥15.0
抗冲击强度（kJ/m^2）		≥8.0
体积密度（干燥状态）（g/cm^3）		≥1.8
吸水率（%）		≥14.0
抗冻性		经 25 次冻融循环，无起层、剥落等破坏现象

第十一节　玻璃纤维增强水泥（GRC）外墙内保温板

要点 29：玻璃纤维增强水泥外墙内保温板的分类与规格

（1）玻璃纤维增强水泥外墙内保温板按板的类型分为普通板、门口板和窗口板，其代号见表 2-38。

类型及其代号　　　　　　　　　　　　　　　　　　表 2-38

类　型	代　号
普通板	PB
门口板	MB
窗口板	CB

（2）玻璃纤维增强水泥外墙内保温板的普通板为条板型式，规格尺寸见表 2-39，其外形及断面示意图分别见图 2-10、图 2-11。

规格尺寸（mm）　　　　　　　　　　　　　　　　　表 2-39

类型	公称尺寸		
	长度 L	宽度 B	厚度 T
普通板	2500～3000	600	60、70、80、90

注：其他规格由供需双方商定。

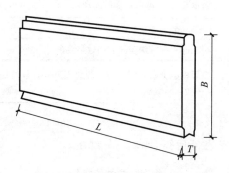

图 2-10　玻璃纤维增强水泥外墙内保温板外形示意图

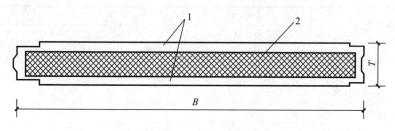

图 2-11　玻璃纤维增强水泥外墙内保温板断面示意图

1—面板；2—芯层绝热材料

要点 30：玻璃纤维增强水泥外墙内保温板的技术要求

1. 外观质量
外墙内保温板的外观质量应符合表 2-40 的规定。

外 观 质 量　　　　　　　　　表 2-40

项　　目	允许缺陷
板面外露纤维，贯通裂纹	无
板面裂纹	长度≤30mm，不多于 2 张
蜂窝气孔	长径≤5mm，深度≤2mm，不多于 10 处
缺棱掉角	深度≤10mm，宽度≤20mm，长度≤30mm，不多于 2 处

2. 尺寸允许偏差
外墙内保温板的尺寸允许偏差应符合表 2-41 的规定。

尺寸允许偏差（mm）　　　　　　　　表 2-41

项目	长度	宽度	厚度	板面平整度	对角线差
允许偏差	±5	±2	±1.5	≤2	≤10

3. 物理力学性能
外墙内保温板的物理力学性能应符合表 2-42 的规定。

物理力学性能　　　　　　　　表 2-42

检验项目		技术指标
气干面密度（kg/m^3），≤		50
抗折荷载（N），≥		1400
抗冲击性		冲击 3 次，无开裂等破坏现象
主断面热阻 $[(m^2 \cdot K)/W]$	$T=60mm$	0.90
	$T=70mm$	1.10
	$T=80mm$	1.35
	$T=90mm$	1.35
面板干缩率（%），≤		0.08
热桥面积率（%），≤		8

第十二节　纤维水泥平板

要点 31：无石棉纤维水泥平板

纤维水泥平板是以有机合成纤维、无机矿物纤维或纤维索纤维为增强材料，以水泥或水泥中添加硅质、钙质材料代替部分水泥为胶凝材料（硅质、钙质材料的总用量不超过胶凝材料总量的80％），经成型、蒸汽或高压蒸汽养护制成的板材。

无石棉纤维水泥平板是用非石棉类纤维作为增强材料制成的纤维水泥平板，制品中石棉成分含量为零。

1. 分类等级和规格

（1）无石棉纤维水泥平板的产品代号为：NAF。

（2）根据密度可分为三类：低密度板（代号L）、中密度板（代号M）、高密度板（代号H）。根据抗折强度可分为五个强度等级：Ⅰ级、Ⅱ级、Ⅲ级、Ⅳ级、Ⅴ级。

（3）无石棉纤维水泥平板的规格尺寸见表2-43。

规格尺寸（mm） 表2-43

项　　目	公称尺寸
长度	600～3600
宽度	600～1250
厚度	3～30

注：1. 上述产品规格仅规定了范围，实际产品规格可在此范围内按建筑模数的要求进行选择。
　　2. 根据用户需要，可按供需双方合同要求生产其他规格的产品。

2. 技术要求

（1）外观质量

1）正表面：应平整、边缘整齐，不得有裂纹、分层、脱皮。

2）掉角：长度方向≤20mm，宽度方向≤10mm，且一张板≤1个。

（2）形状与尺寸偏差

无石棉纤维水泥平板的形状与尺寸偏差应符合表2-44的规定。

形状与尺寸偏差 表2-44

项　　目		形状与尺寸偏差
长度（mm）	<1200	±3
	1200～2440	±5
	>2440	±8
宽度（mm）	≤1200	±3
	>1200	±5
厚度（mm）	<8	±0.5
	8～20	±0.8
	>20	±1.0
厚度不均匀度（%）		≤6
边缘直线度（mm）	<1200	≤2
	≥1200	≤3
边缘垂直度（mm/m）		≤3
对角线差（mm）		≤5

（3）物理性能

无石棉纤维水泥平板的物理性能应符合表2-45的规定。

物 理 性 能   表 2-45

类别	密度 D (g/cm³)	吸水率 (%)	含水率 (%)	不透水性	湿胀率 (%)	不燃性	抗冻性
低密度	0.8≤D≤1.1	—	≤12	—	压蒸养护制品≤0.25 蒸汽养护制品≤0.50	《建筑材料及制品燃烧性能分级》(GB 8624—2012) 不燃性 A 级	—
中密度	1.1<D≤1.4	≤40	—	24h 检验后允许板反面出现湿痕，但不得出现水滴			—
高密度	1.4<D≤1.7	≤28	—				经 25 次冻融循环，不得出现破裂、分层

（4）力学性能

无石棉板的力学性能应符合表 2-46 的规定。

力 学 性 能   表 2-46

强度等级	抗折强度（MPa）	
	气干状态	饱水状态
Ⅰ 级	4	—
Ⅱ 级	7	4
Ⅲ 级	10	7
Ⅳ 级	16	13
Ⅴ 级	22	18

注：1. 蒸汽养护制品试样龄期不小于 7d。
　　2. 蒸压养护制品试样龄期为出釜后不小于 1d。
　　3. 抗折强度为试件纵、横向抗折强度的算术平均值。
　　4. 气干状态是指试件应存放在温度不低于 5℃、相对湿度（60±10）％的试验室中，当板的厚度≤20mm 时，最少存放 3d，而当板厚度≥20mm 时，最少存放 7d。
　　5. 饱水状态是指试样在 5℃ 以上水中浸泡，当板的厚度≤20mm 时，最少浸泡 24h，而当板的厚度≥20mm 时，最少浸泡 48h。

要点 32：温石棉纤维水泥平板

石棉水泥平板是以水泥为主要原料，以石棉纤维为增强材料，经过打浆、真空抄取、堆垛、加压、蒸汽养护、空气养护等工艺而制成的一种薄型建筑平板。亦可掺加适量耐久性能好、对制品性能不起有害作用的其他纤维，但代用纤维的含量不得超过纤维总用量的 30％。

1. 分类、等级和规格

（1）石棉水泥平板的产品代号为：AF。

（2）根据石棉板的密度分为三类：低密度板（代号 L）、中密度板（代号 M）、高密度板（代号 H）。

1）低密度板仅适用于不受太阳、雨水和（或）雪直接作用的区域使用。

2）高密度板及中密度板适用于可能受太阳、雨水和（或）雪直接作用的区域使用。交货时可进行表面涂层或浸渍处理。

（3）根据对石棉板的抗折强度可分为五个强度等级：Ⅰ级、Ⅱ级、Ⅲ级、Ⅳ级、Ⅴ级。

（4）石棉水泥平板的规格尺寸见表 2-47。

规格尺寸（mm） 表 2-47

项 目	公称尺寸
长度	595～3600
宽度	595～1250
厚度	3～30

注：1. 上述产品规格仅规定了范围，实际产品规格可在此范氏内按建筑模数的要求进行选择。
2. 报据用户需要，可按供需双方合同生产其他规格的产品。

2. 技术要求

（1）外观质量

1）正表面：应平整、边缘整齐，不得有裂纹、分层、脱皮。

2）掉角：长度方向≤20mm，宽度方向≤10mm，且一张板≤1个。

（2）形状与尺寸偏差

石棉水泥平板的形状与尺寸偏差应符合表 2-48 的规定。

形状与尺寸偏差 表 2-48

项 目		形状与尺寸偏差
长度（mm）	<1200	±3
	1200～2440	±5
	>2440	±8
宽度（mm）		±3
厚度（mm）	<8	±0.3
	8～12	±0.5
	>12	±0.8
厚度不均匀度（%）		≤6
边缘直线度（mm）	<1200	≤2
	≥1200	≤3
边缘垂直度（mm/m）		≤3
对角线差（mm）		≤5

（3）物理性能

石棉水泥平板的物理性能应符合表 2-49 的规定。

物理性能 表 2-49

类别	密度 D（g/cm³）	吸水率（%）	含水率（%）	湿胀率（%）	不透水性	不燃性	抗冻性
低密度	0.9≤D≤1.2	—	≤12	≤0.30	—	《建筑材料及制品燃烧性能分级》（GB 8624—2012）不燃性 A 级	—
中密度	1.2<D≤1.5	≤30	—	≤0.40	24h 检验后允许板反面出现湿痕，但不得出现水滴		经 25 次冻融循环，不得出现破裂、分层
高密度	1.5<D≤2.0	≤25	—	≤0.50			

（4）力学性能

石棉水泥平板的力学性能应符合表 2-50 的规定。

力 学 性 能　　　　　　　　　　　　　　表 2-50

强度等级	抗折强度（MPa）		抗冲击强度（kJ/m²）	抗冲击性
	气干状态	饱水状态	$e \leqslant 14$	$e > 14$
Ⅰ	12	—	—	—
Ⅱ	16	8	—	—
Ⅲ	18	10	1.8	落球法试验冲击 1 次，板面无贯通裂纹
Ⅳ	22	12	2.0	
Ⅴ	26	15	2.2	

注：1. 蒸汽养护制品试样龄期不小于 7d。
　　2. 蒸压养护制品试样龄期为出釜后不小于 1d。
　　3. 抗折强度为试件纵、横向抗折强度的算术平均值。
　　4. 气干状态是指试件应存放在温度不低于 5℃、相对湿度（60±10）% 的试验室中，当板的厚度≤20mm 时，最少存放 3d，而当板厚度≥20mm 时，最少存放 7d。
　　5. 饱水状态是指试样在 5℃ 以上水中浸泡，当板的厚度≤20mm 时，最少浸泡 24h，而当板的厚度≥20mm 时，最少浸泡 48h。

第十三节　钢丝网水泥板

要点 33：钢丝网水泥板的分类、级别和规格

（1）钢丝网水泥板按用途分为钢丝网水泥屋面板（代号：GSWB）和钢丝网水泥楼板（代号：GSLB）两类。

（2）钢丝网水泥屋面板按可变荷载和永久荷载分为四个级别，见表 2-51。

钢丝网水泥屋面板级别（kN/m²）　　　　　　　　表 2-51

级别	Ⅰ	Ⅱ	Ⅲ	Ⅳ
可变荷载	0.5	0.5	0.5	0.5
永久荷载	1.0	1.5	2.0	2.5

（3）钢丝网水泥楼板按可变荷载分为四个级别，见表 2-52。

钢丝网水泥楼板级别（kN/m²）　　　　　　　　表 2-52

级别	Ⅰ	Ⅱ	Ⅲ	Ⅳ
可变荷载	2.0	2.5	3.0	3.5

（4）钢丝网水泥板外形如图 2-12 所示。

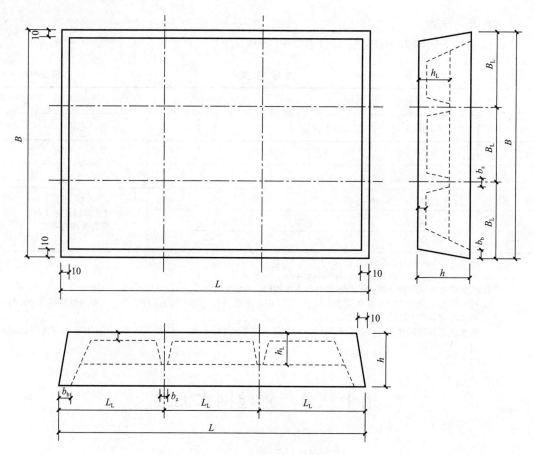

图 2-12 钢丝网水泥板外形（单位：mm）

（5）钢丝网水泥屋面板规格尺寸见表 2-53。

钢丝网水泥屋面板规格尺寸（mm）　　　　　表 2-53

公称尺寸	长×宽（$L \times B$）	高（h）	中肋高（h_L）	肋宽（b）		板厚（t）
				边肋宽（b_b）	中肋（b_z）	
2000×2000	1980×1980	160、180	120、140	32～35	35～40	16、18
2121×2121	2101×2101	180、200	140、160	32～35	35～40	18、20
2500×2500	2480×2480	180、200	140、160	32～35	35～40	18、20
2828×2828	2808×2808	180、200	140、160	32～35	35～40	18、20
3000×3000	2980×2980	180、200	140、160	32～35	35～40	18、20
3500×3500	3480×3480	200、220	160、180	32～35	35～40	18、20
3536×3536	3516×3516	200、220	160、180	32～35	35～40	18、20
4000×4000	3980×3980	220、240	180、200	32～35	35～40	18、20

注：根据供需双方协议也可生产其他规格尺寸的屋面板。

（6）钢丝网水泥楼板规格尺寸见表 2-54。

钢丝网水泥楼板规格尺寸（mm）　　　　　　表 2-54

| 公称尺寸 | 长×宽（L×B） | 高（h） | 中肋高（h_L） | 肋宽（b） | | 板厚（t） |
				边肋宽（b_b）	中肋（b_z）	
3300×5000	3270×4970	250、300	160、200	32～35	35～40	18、20、22
3300×4800	3270×4770	250、300	160、200	32～35	35～40	18、20、22
3300×1240	3270×1210	200、250	140、180	32～35	35～40	18、20、22
3580×4450	3820×4420	250、300	160、200	32～35	35～40	18、20、22

注：根据供需双方协议也可生产其他规格尺寸的楼板。

要点 34：钢丝网水泥板的技术要求

1. 外观质量

钢丝网水泥板的外观质量应符合表 2-55 规定。

外观质量　　　　　　　　　　　　表 2-55

项次	项目	外观质量要求
1	露筋露网	任何部位不应有
2	孔洞	不应有
3	蜂窝	总面积不超过所在面积的 1%，且每处不大于 $100cm^2$
4	裂缝	任何部位均不应有宽度大于 0.05mm 的裂缝
5	连接部位缺陷	（1）肋端疏松不应有 （2）其他缺陷经整修不应有
6	外形缺陷	修整后无缺棱掉角
7	外表缺陷	麻面总面积不超过所在面积的 5%，且每处不大于 $300cm^2$
8	外表沾污	经处理后，表面无油污和杂物

2. 尺寸偏差

钢丝网水泥板的尺寸允许偏差应符合表 2-56 规定。

尺寸允许偏差（mm）　　　　　　　　表 2-56

项次	项　目	尺寸允许偏差
1	长度	+10 −5
2	宽度	+10 −5
3	高度	+5 −3
4	肋高、肋宽	+5 −3
5	面板厚度	+3 −2
6	侧向弯曲	$\leqslant L/750$

续表

项次	项 目		尺寸允许偏差
7	板面平整		5
8	主筋保护层厚度		$+4$ -2
9	对角线差		10
10	翘曲		$\leqslant L/750$
11	预埋件	中心位置偏差	5
		与砂浆面平整	5

第十四节 水泥木屑板

要点 35：水泥木屑板的定义

水泥木屑板属于难燃性材料，是以普通硅酸盐水泥和矿渣硅酸盐水泥为胶凝材料，木屑为主要填料，木刨花或木丝为加筋材料，加入水和外加剂，经平压成型、保压养护、调湿处理等工艺而制成的一种建筑板材。

要点 36：水泥木屑板的规格

水泥木屑板通常为矩形。
（1）水泥木屑板的长度（l）为：2400～3600mm。
（2）水泥木屑板的宽度（b）为：900～1250mm。
（3）水泥木屑板的厚度（e）为：6～40mm。
注：允许供需双方协商，生产所需规格的产品。

要点 37：水泥木屑板的技术要求

1. 外观质量
（1）外观缺陷：水泥木屑板外观缺陷不得超出表 2-57 的规定。

水泥木屑板的外观缺陷 表 2-57

项 目	要 求
掉角	不允许
非贯穿裂纹	不允许
坑包、麻面	长度和宽度两个方向不得同时超过 10mm
污染板面	长度和宽度两个方向不得同时超过 50mm

（2）平直度：长度或宽度的平直度不得超过±1.0mm/m。
（3）方正度：方正度不得超过±2.0mm/m。

（4）平整度：平整度不得超过±5.0mm。

2. 尺寸允许偏差

（1）长度（l）和宽度（b）的允许偏差为±5.0mm。

（2）厚度（e）的允许偏差应符合表2-58的规定。

厚度允许偏差（mm）　　　　　　　　　　　　　　　　表2-58

公称厚度	$6 \leqslant e \leqslant 12$	$12 < e \leqslant 20$	$e > 20$
厚度允许偏差	±0.7	±1.0	±1.5

3. 物理力学性能

水泥木屑板的物理力学性能应符合表2-59的规定。

物理力学性能　　　　　　　　　　　　　　　　　　表2-59

项　目	要　求
密度（含水率为9%时）（kg/m³）	≥1000
含水率（%）	≤12.0
浸水24h厚度膨胀率（%）	≤1.5
抗冻性	不得出现可见的裂痕或表面无变化
抗折强度（MPa）	≥9.0
浸水24h后抗折强度（MPa）	≥5.5
弹性模量（MPa）	≥3000

第十五节　水泥刨花板

要点38：水泥刨花板的定义

水泥刨花板也属于难燃性材料。它是以水泥为胶结材料，以木刨花作为增强材料，并加入适量的添加剂和水，经搅拌、成型、加压、养护等工艺过程而制成的一种薄型建筑平板。水泥刨花板具有自重轻、强度高、防火、防水、保温、隔声、防蛀等诸多优点，并具有较好的可加工性能，可以进行锯、钉、钻、胶合等各种形式的加工，施工工艺较简便，便于抛光和表面处理。

要点39：水泥刨花板的分类

1. 按板的结构分

按板的结构分为单层结构水泥刨花板、三层结构水泥刨花板、多层结构水泥刨花板、渐变结构水泥刨花板。

2. 按使用的增强材料分

按使用的增强材料分为木材水泥刨花板、麦秸水泥刨花板、稻草水泥刨花板、竹材水泥刨花板、其他增强材料的水泥刨花板。

3. 按生产方式分

按生产方式分为平压水泥刨花板、模压水泥刨花板。

要点40：水泥刨花板的技术要求

1. 产品分等

水泥刨花板按产品外观质量和理化性能分为优等品和合格品。

2. 产品幅面规格及尺寸偏差

（1）厚度

水泥刨花板的公称厚度为 4mm、6mm、8mm、10mm、12mm、15mm、20mm、25mm、30mm、36mm、40mm 等。

注：经供需双方协议，可生产其他厚度的水泥刨花板。

（2）幅面

水泥刨花板的长度为 2440～3600mm；水泥刨花板的宽度为 615～1250mm。

注：经供需双方协议，可生产其他幅面尺寸的水泥刨花板。

（3）板边缘直度、翘曲度、垂直度偏差

板边缘直度、翘曲度、垂直度偏差应符合表 2-60 规定。

板边缘直度、翘曲度和垂直度允许偏差 表 2-60

序号	项　目	指标
1	板边缘直度（mm/m）	±1
2	翘曲度① （%）	≤1.0
3	垂直度（mm/m）	≤2

注：①厚度≤10mm 的不测。

（4）尺寸偏差

1）长度和宽度的允许偏差为±5mm。

2）厚度允许偏差应符合表 2-61 的规定。

水泥刨花板厚度允许偏差（mm） 表 2-61

公称厚度	未砂光板				砂光板
	<12mm	12mm≤h<15mm	15mm≤h<19mm	≥19mm	±0.3
允许偏差	±0.7	±1.0	±1.2	±1.5	

3. 外观质量

水泥刨花板的外观质量应符合表 2-62 的规定。

水泥刨花板外观质量 表 2-62

缺陷名称	产品等级	
	优等品	合格品
边角残损	不允许	<10mm，不计≥10mm 且≤20mm，不超过 3 处
断裂透痕		<10mm，不计≥10mm 且≤20mm，不超过 1 处
局部松软		宽度<5mm，不计宽度≥5mm 且≤10mm，或长度≤1/10 板长，1 处
板面污染		污染面积≤100mm²

4. 理化性能

水泥刨花板的理化性能应符合表 2-63 规定。

水泥刨花板理化性能指标　　　　　　表 2-63

项　目	优等品	合格品
密度①（kg/m³）	≥1000	
含水率（％）	6～16	
浸水 24h 厚度膨胀率（％）	≤2	
静曲强度（MPa）	≥10.0	≥9.0
内结合强度（MPa）	≥0.5	≥0.3
弹性模量（MPa）	≥3000	
浸水 24h 静曲强度（MPa）	≥6.5	≥5.5
垂直板面握螺钉力（N）	≥600	
燃烧性能	B 级	

注：①含水率为 9％时所测得的密度。

第十六节　岩　棉　板

要点 41：岩棉

岩棉是采用天然岩石（如玄武岩、花岗岩、白云岩或辉绿岩等）为基本原料，也可以加入一定量的辅料（如石灰石等），经高温熔融后，用离心法或喷射法制成的一种人造无机纤维。它具有不燃、质轻、热导率低、吸声性能好、绝缘性能好、防腐、防蛀以及化学稳定性强的优点，可以作为某些防火构件的填充材料使用，也可以用热固型树脂为胶粘剂制成防火隔热板材等各类制品加以应用。

岩棉及制品的纤维平均直径应不大于 $7.0\mu m$。棉及制品的渣球含量（粒径大于 0.25mm）应不大于 10.0％（质量分数）。岩棉的物理性能应符合表 2-64 的规定。

岩棉的物理性能指标　　　　　　表 2-64

性　能	指标
密度（kg/m³）	≤150
导热系数（平均温度70±5℃，试验密度150kg/m³）[W/(m·K)]	≤0.044
热荷重收缩温度（℃）	≥650

注：密度系指表观密度，压缩包装密度不适用。

在岩棉纤维中加入一定量的胶粘剂、增强剂和防尘油等助剂，经配料、混合、干燥、成型、固化、切割、贴面等工序处理后即可加工成各种岩棉制品，它们是一种新型的保温、隔热、吸声材料。按形状进行划分，岩棉制品可以分为岩棉保温板、缝毡、保温带、管壳、吸声板等。岩棉制品在建筑及工业热力设备上应用时均具有较好的节能效果。以上制品还可以在表面粘贴或缝上各种贴面材料，如玻璃纤维薄毡——B、玻璃纤维网格布——C、玻璃布——D、牛皮纸——N、涂塑牛皮纸——S、铝箔——L、铁丝网——T 等。

要点 42：岩棉板

岩棉板是以岩棉为主要原料，再经加入少量的胶粘剂加工而成的一种板状防火绝热制品。它是一种新型的轻质绝热防火板材，在建筑工程中广泛作为建筑物的屋面材料和墙体材料得到应用。此外，还可以作为门芯材料用于防火门的生产中。由于板材在成型加工过程中所掺加的有机物含量一般均低于 4%，故其燃烧性能仍可达到 A 级是良好的不燃性板材，可以长期在 400～100℃的工作温度下进行使用。岩棉用于建筑保温时，大体可包括墙体保温、屋面保温、房门保温和地面保温等几个方面。

岩棉板的外观质量要求，表面平整，不得有妨碍使用的伤痕、污迹、破损。岩棉板的尺寸及允许偏差，应符合表 2-65 的规定。其他尺寸可由供需双方商定，但允许偏差应符合表 2-65 的规定。

板的尺寸及允许偏差（mm）　　　　　　　　表 2-65

长度	长度允许偏差	宽度	宽度允许偏差	厚度	厚度允许偏差
910		500			
1000	+10	600	+5	30～200	+3
1200	−3	630	−3		−3
1500		910			

岩棉板的物理性能应符合表 2-66 的规定。

岩棉板的物理性能指标　　　　　　　　表 2-66

密度（kg/m³）	密度允许偏差（%）		导热系数［W/(m·K)］（平均温度70$^{+5}_0$℃）	有机物含量（%）	燃烧性能	热荷重收缩温度（℃）
	平均值与标称值	单值与平均值				
40～80			≤0.044			≥500
81～100	±15	±15		≤4.0	不燃材料	
101～160			≤0.043			≥600
161～300			≤0.044			

注：其他密度产品，其指标由供需双方商定。

岩棉板的直角偏离度应不大于 5mm/m；平整度偏差应不超过 6mm；酸度系数应不小于 1.6；长度、宽度和厚度的相对变化率均不大于 1.0%；质量吸湿率应不大于 1.0%；憎水率应不小于 98.0%；短期吸水量（部分浸入）应不大于 1.0kg/m²。

岩棉板的导热系数（平均温度 25℃）应不大于 0.040W/（m·K），有标称值时还应不大于其标称值。

第十七节　膨胀珍珠岩装饰吸声板

要点 43：膨胀珍珠岩装饰吸声板的分类与规格

1. 产品分类

（1）普通膨胀珍珠岩装饰吸声板（以下简称普通板）：用于一般环境的吸声板，代号为 PB；根据产品的技术指标，普通板又分为优等品、一等品和合格品。

（2）防潮珍珠岩装饰吸声板（以下简称防潮板）：经特殊防水材料处理，可用于高湿度环境的吸声板，代号为 FB。根据产品的技术指标防潮板又分为优等品、一等品和合格品。

2. 产品规格

（1）边长公称尺寸为：400mm×400mm，500mm×500mm，600mm×600mm。

（2）产品公称厚度为：15mm，17mm，20mm。

（3）其他规格可由供需双方商定。

要点 44：膨胀珍珠岩装饰吸声板的技术要求

1. 外观

板的外观质量应符合表 2-67 的规定。

外观质量 表 2-67

项　　目	要　　求	
	优等品、一等品	合格品
缺棱、掉角、裂缝、脱落、剥离等现象	不允许	不影响使用
正面的图案破损、夹杂物	图案清晰、无夹杂物混入	
色差（△E）	≤3	

2. 尺寸允许偏差

板的尺寸允许偏差应符合表 2-68 的规定。

尺寸允许偏差（mm） 表 2-68

项目	优等品	一等品	合格品
边长	+0 −0.3	+0 −1.0	
厚度偏差	±0.5	±0.1	
直角偏离度，≤	0.10	0.40	0.60
不平度，≤	0.8	1.0	2.5

3. 物理性能及力学性能

板的物理性能及力学性能应符合表 2-69 和表 2-70 的规定。

物理性能及力学性能 表 2-69

板材类别	体积密度（kg/m³）	吸湿率（%）			表面吸水量（g）	断裂荷载[1]（N）			吸声系数 α_3
		优等品	一等品	合格品		优等品	一等品	合格品	混响室法
PB	≤500	≤5	≤6.5	≤8	—	≥245	≥196	≥157	0.40～0.60
FB		≤3.5	≤4	≤5	0.6～2.5	≥294	≥245	≥176	0.35～0.45

注：①表中所示的断裂荷载为均布加荷抗弯断裂荷载。

热　阻　值　　　　　　　　　　　　表 2-70

公称厚度（mm）	热阻值（m² · K/W）
15	0.14～0.19
17	0.16～0.22
20	0.19～0.26

第十八节　防火板材在建筑中的应用

要点 45：纸面石膏板的应用

（1）普通纸面石膏板适用于办公楼、影剧院、饭店、宾馆、候车室、候机楼、住宅等建筑的室内吊顶、墙面、隔断、内隔墙等的装饰。普通纸面石膏板适用于干燥环境，不宜用于厨房、卫生间、厕所及空气相对湿度大于 70％的潮湿环境中。普通纸面石膏板的表面还需要进行饰面处理。普通纸面石膏板与轻钢龙骨构成的墙体体系称为轻钢龙骨石膏板体系（简称 QST）。该体系的自重仅为同厚度普通能结砖的 10％，并且墙体薄、占地面积小，可增大房间的有效使用面积。墙体内的空腔还方便管道、电线等的埋设。

（2）耐水纸面石膏板主要用于厨房、卫生间、厕所等潮湿场合的装饰。其表面也需再进行饰面处理，以提高装饰性。

（3）耐火纸面石膏板主要用作防火等级要求高的建筑物的装饰材料，如影剧院、体育馆、幼儿园、展览馆、博物馆、候机（车）大厅、售票厅、商场、娱乐厅、商场、娱乐场所及其通道、楼梯间、电梯间等的吊顶、墙面、隔断等。

要点 46：装饰石膏板的应用

由于装饰石膏板美观大方，色调舒适，还具有较好的吸声性能和装饰效果，因此它广泛应用于各类建筑的室内装修工程中。而且它的品种很多，有平板、花纹浮雕板、穿孔及半穿孔吸声板等各类产品可供用户选择。

装饰石膏板被大量用于各种工业和民用建筑中。例如，它可以用作办公楼、工矿车间、剧院、礼堂、宾馆、饭店、商店、车站以及普通住宅等建筑物内的室内吊顶材料和墙体装饰材料使用。

要点 47：石膏空心条板的应用

石膏空心条板用于工业和民用建筑的内隔墙时，一般采用单层条板作为分室墙和隔墙。也可以采用两层空心条板，中间设空气层或填充矿棉等材料组成分户墙。墙板和梁（楼板）的连接，一般采用下楔法，即在下部用木楔楔紧后灌填干硬性混凝土。其上部的固定方法有两种：一种是软连接，另一种为硬连接（即直接将条板顶在楼板或梁的下面）。为施工方便多数都采用后一种连接方法。在墙板之间、墙板与顶板之间以及墙板侧边与柱和外墙等处的连接均采用粘结剂-水泥砂浆进行粘接；当墙板宽度大于板宽时，可根据实际需要进行拼装粘接。在门口处，门框边要附加一道通天框。在门口上面采用纸面石膏板或纤维石膏板并将其固定在木龙骨上。墙板的空心部位可以穿电线或其他管线，在板面上固定开关、插销时可以按照需要钻成小孔，并塞、粘圆木进行固定。

要点 48：石膏砌块的应用

石膏砌块是一种集安全、舒适、环保、健康为一体的高档内隔墙材料，这在业内是有目共睹的。另外砌筑砌块的粘合剂也是用石膏配制，它们的胀缩率是一致的，在榫槽咬合的作用下可以形成一面整体墙而不易开裂。再者，应用石膏砌块的建筑物还具有装饰性强、吊挂力好、易于管线安装等优点。

石膏制品作为墙体材料，多以纸面石膏板和石膏砌块为主，主要将它们用于非承重内隔墙和外墙的内侧。根据国外多年的研究和应用经验，80mm 厚的实心石膏砌块最适用于住宅、公用建筑、体育场馆等。在用石膏砌块进行墙体砌筑时，可根据用户对室内装饰造型的需求，对砌块进行锯、刨、钉挂等多样式施工作业，打造出风格各异的装饰构造。石膏砌块作为极具装饰功效的产品，为实现建筑、装饰一体化，开辟出一片新的领域。

要点 49：硅酸钙板的应用

硅酸钙板除了在建筑物中用作隔墙板和吊顶板的材料使用以外，在工业上还可以用于对表面温度不大于 650℃ 的各类设备、管道及其附件进行隔热和防火保护。在进行室内装修工程时，硅酸钙板的安装方法与纸面石膏板基本相同。在墙体安装时，可以采用木龙骨、轻钢龙骨或其他材料的龙骨组成墙体构架，然后装敷硅酸钙板，用相应的螺钉或胶钉结合的方法将其固定在龙骨之上，然后找平，抹上腻子嵌缝，最后再进行粘贴壁纸或涂刷涂料等表面装饰。在安装吊顶时，也是先架设吊顶龙骨，然后安装吊顶板。如采用 T 形轻钢龙骨或铝合金龙骨时，施工更为简单方便。

在建筑结构保护上，它主要用于对各类钢结构构件进行防火保护。在实际工程应用中，应根据钢构件的种类、外形、安装部位以及防火要求的不同，科学、合理地设计安装结构。对于不同的钢构件，需要采用不同的构造结构和施工方法。必要时可以与喷涂钢结构防火涂料等其他防火保护方式结合使用，以保证为构件提供足够的防火保护。实践表明：即使是用同一种板材来保护相同的钢构件，由于设计结构的不同，也会得到迥然不同的结果。合理的钢结构防火保护方式会大大地提高钢构件的耐火性能。

一般用板材保护钢构件时的典型结构如图 2-13 所示。

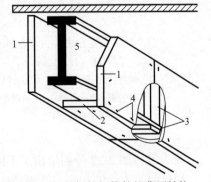

图 2-13　板材保护钢构件的典型结构
1—硬硅钙板，15mm 厚；2—硬硅钙板，20mm 厚；
3—结合缝条；4—自攻螺钉；5—钢梁

1. 钢梁的保护结构

图 2-13 给出的是用硬硅钙板保护钢梁的结构

示意。内衬 100mm（宽）×25mm（厚）的结合缝条，硬硅钙板通过自攻螺钉固定在结合缝条上。其中，硬硅钙板的厚度分别为 15mm 和 20mm，所保护的钢构件的耐火极限可以达到 2.0h。

图 2-14～图 2-17 分别给出了对不同安装部位的钢梁的防火保护包覆方式。

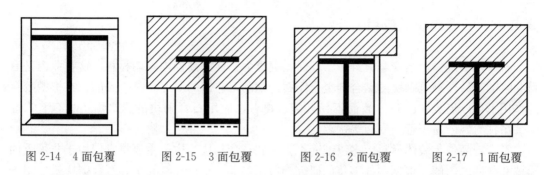

图 2-14　4 面包覆　　　图 2-15　3 面包覆　　　图 2-16　2 面包覆　　　图 2-17　1 面包覆

2. 钢柱的保护结构

如图 2-18 所示是用硬硅钙板直接包覆钢柱的结构示意。板材通过自攻螺钉进行固定，板材厚度为 15mm 和 20mm。所保护的钢构件的耐火极限可以达到 2.0h。

如图 2-19 所示是将硬硅钙板包覆在轻钢龙骨上的结构示意。轻钢龙骨的规格为 40mm×20mm×0.6mm 或以上。板材通过自攻螺钉固定在轻钢龙骨上，板材厚度为 15mm 和 20mm。所保护的钢构件的耐火极限可以达到 2.0h。

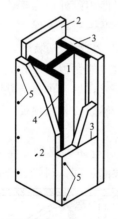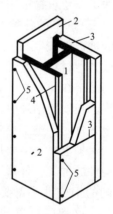

图 2-18　安装方法（一），直接包　　　　图 2-19　安装方法（二），
覆钢柱（$D>12mm$）　　　　　　　　包覆在轻钢龙骨上

1—钢柱；2—硬硅钙板，15mm 厚；　　　　1—钢柱；2—硬硅钙板，15mm 厚；

3—硬硅钙板，20mm 厚；4—轻钢龙骨；　　3—硬硅钙板，20mm 厚；4—轻钢龙骨；

5—自攻螺钉　　　　　　　　　　　　5—自攻螺钉

图 2-20～图 2-22 分别给出了不同形状的钢柱的防火包覆方式。

构件的耐火性能和施工性能是评价其耐火保护结构设计是否先进、合理的主要考核指标。好的耐火保护结构应该具有施工方便、快捷、高效和耐火性能好等优点。在具体施工过程中，应根据现场的施工要求和工程实际条件来选择合适的施工方式。

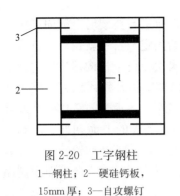

图 2-20　工字钢柱
1—钢柱；2—硬硅钙板，
15mm 厚；3—自攻螺钉

图 2-21　方柱
1—钢柱；2—硬硅钙板，
15mm 厚；3—自攻螺钉

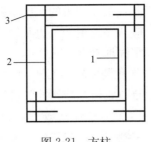

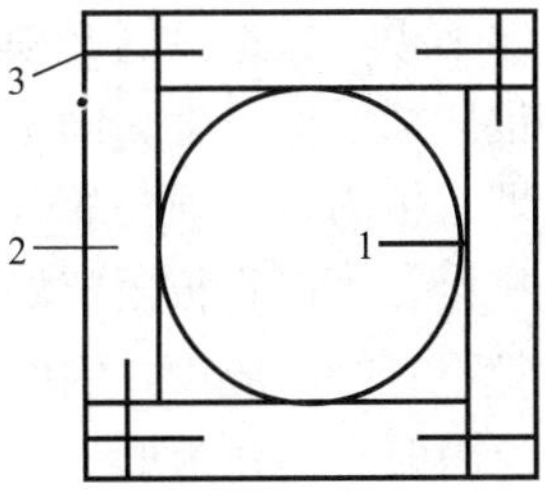

图 2-22　圆柱
1—钢柱；2—硬硅钙板，
15mm 厚；3—自攻螺钉

要点 50：轻质 GRC 多孔隔墙条板的应用

轻质 GRC 多孔隔墙条板在建筑中主要作为隔墙材料使用。

由于轻质 GRC 多孔隔墙条板是以水泥砂浆为基材、玻璃纤维为增强材料而制成的一种无机型复合材料板材，因此它除了很好地保持了水泥制品不燃、耐压等固有的特点以外，还有效地弥补了水泥或混凝土制品的多种缺陷（如自重大、抗拉强度低、耐冲击性能差等不足）。该类板材采用轻质无机材料为填料，因而抗拉强度高、耐水、不燃、不霉烂、不被虫蛀，具有良好的韧性，能够有效防止板材表面的龟裂，耐冲击性能优越、自重轻、耐候性能良好，并且可加工性能好，可以任意进行切割或钉刨，目前已广泛作为外墙板、内墙板和吊顶板使用。

GRC 外墙板为整开间带肋外挂板。该产品质量轻、强度高、韧性好、防水、耐久，在工程中得到了广泛的应用。其板面还可以按照设计要求制作成各种艺术造型，也可以反打瓷砖。

在施工时将板材安装在柱的外侧，板面可以承受风载及自身的地震力荷载。板缝采用弹性嵌缝膏密封。外墙板在低层建筑中与主体结构间采用刚性焊接连接，在高层建筑中则采用螺栓柔性连接，后者可抗 8 级地震。板材在运输和堆放过程中均应垂直立放，不得靠墙斜放和平放，堆放场地要坚实。在板材内侧需复合保温材料以满足节能要求，可选用的保温材料有聚苯板、岩棉板、膨胀珍珠岩板等，其厚度按热工要求确定。

要点 51：轻质 GRC 平板的应用

轻质 GRC 平板易于加工（可用普通木工工具任意进行加工，如锯、钻、钉、刨等），施工方便（可用安装石膏板的全套工具完成施工），易于粘贴，可进行任意装饰（可粘贴瓷砖、大理石、壁纸，也可进行喷塑、喷涂等），在运输及施工过程中的破损率较低。

轻质 GRC 平板用作隔墙板时，一般要以轻钢龙骨作为骨架。按构造形式，可分为单排龙骨单层板隔墙、单排龙骨双层板隔墙和双排龙骨双层板隔墙等几类。应根据墙体的隔声、保温要求来确定隔墙中是否需要填充岩棉等绝热、绝声材料。当需填充岩棉时，施工过程中应用岩棉钉对岩棉进行固定。

应用轻质 GRC 平板时，可以横向铺板，也可以纵向铺板。但有防火要求时墙体必须纵向铺板，长边接缝必须落在竖龙骨上。若板的长度不够，需要进行拼装时，横向拼接缝处也应加设横龙骨。固定板时，应从一块板的长边及短边开始固定。钉子就位后，钉头应略埋入板内，必须与龙骨架产生牢固地结合。凡实际上可以采用板材全长的地方，均应避免拼接，可以将板固定好以后再开孔洞。轻质 GRC 平板可以锯、刨及钉入铁钉，鉴于木龙骨不宜推广应用，因此应采用自攻螺钉与轻钢龙骨进行紧固连接。板表面粘贴壁纸或喷涂涂料时，应将板的光面朝外；表面粘贴瓷砖或大理石时，应将板的毛面朝外，以利粘接。板的接缝处，可用 VP 腻子嵌缝抹平，按常规方法粘贴壁纸；若需粘贴瓷砖、大理石等，建议采用 EC-聚合物砂浆进行粘贴，以便找平；若需喷涂墙体涂料，或在板面涂刷涂料时，板边应预先刨成斜角，对接后在接缝处压入玻璃纤维网格布条，再用 VP 腻子进行嵌缝抹平，以防出现裂纹。

要点 52：石棉水泥平板的应用

石棉水泥平板具有防火、防潮、防腐、耐热、隔声、绝缘、轻质、高强等诸多特点。板面质地均匀、着色力强，并可进行锯、钻、钉加工，施工简便，可用于现装隔墙、复合隔墙板和复合外墙板。

用石棉水泥平板制作复合隔墙板时，一般都采用石棉水泥平板和石膏板复合的方式来制作，主要用于居室和厨房、卫生间之间的隔墙。靠居室一面用石膏板，靠厨房、卫生间一面用石棉水泥平板（板面经防水处理），复合用的龙骨可用石膏龙骨或石棉水泥龙骨，两面板材和龙骨之间用胶粘剂进行粘接。单层石棉水泥平板与厚度为 50mm 的岩板板、采用轻钢龙骨为骨架时所制成的复合板的耐火极限可以达到 104min；若在岩板板两侧均复合石棉水泥平板时，耐火极限可以达到 126min。

要点 53：穿孔吸声石棉水泥板的应用

穿孔吸声石棉水泥板具有轻质、美观、防火、高强、防腐蚀等优点，并且具有较好的吸声作用，可根据用户要求在板面上设计各种图案。该板材在各种工业及民用建筑中主要用于控制室内的混响时间、降低环境噪声，其应用场所包括机房、控制室、候车室、候机楼、礼堂、宾馆、影剧院、播音室、会议室等，特别适用于在纺织车间等环境嘈杂的场所作为吸声吊顶使用。

要点 54：水泥木屑板的应用

水泥木屑板具有质量轻、强度高、防水、防火、隔声、防腐、防虫蛀鼠咬等特性，并且具有良好的可加工性能（可以进行锯、钉、钻、刨加工，也可以用自攻螺钉紧固，还可以进行粘接），施工简便，主要用于各种工业与民用建筑物的非承重内外墙板、吊顶板、地板、封檐板等。

水泥木屑吊顶板与纸基吊顶板、塑料吊顶板相比，防火性能更为优异。水泥木屑吊顶板通常可分为平板和镂空板两种类型，其表面可以进行喷涂和贴面装饰，还可以根据用户提供的花纹进行特殊制造加工。它广泛适用于办公楼、住宅、剧院、宾馆、厂房、库房等各类建筑物中。

要点 55：水泥刨花板的应用

水泥刨花板可用作工业与民用建筑的内外墙板、吊顶板、装饰板、保温顶棚板、壁橱板、货架板、地板以及门芯材料使用，也可以制成通风烟道、碗橱、窗帘盒等部件，还可以与其他轻质板材一起制成复合板使用。当水泥刨花板用作表面板使用时，其表面一般都要做装饰处理，如涂刷涂料或粘贴墙纸、墙布、瓷砖、玻璃马赛克等。

水泥刨花板的应用形式可分为两种：一种是在工厂将水泥刨花板制成预制复合墙板；另一种是在现场架立龙骨后现装分户墙或分室墙。现装墙可以采用轻钢龙骨、水泥刨花板粘接龙骨或木龙骨等各种龙骨为骨架，按一定的距离将龙骨直线或错开排列，两面各粘、钉一层水泥刨花板。板材与龙骨的结合处，可以先采用 107 胶-水泥浆或其他胶粘剂进行粘接，再用自攻螺丝配合定位。龙骨与楼板和地面的连接，可以采用膨胀螺栓进行固定，也可以采用其他方法进行固定。至于墙面接缝的处理，外墙可用弹缝胶填缝，内墙可用塑料管填缝。

要点 56：钢丝网架水泥夹心复合板的应用

钢丝网架水泥夹心复合板由工厂生产，在现场进行装配化施工，故施工效率高，并且劳动强度也比砌筑砖墙大大降低。其应用要点大致如下。

（1）该类板材质量轻，整体性好，施工时无需支模或吊装，可完全由人工搬运及安装。

（2）板的平面拼接、垂直拼接、板和梁柱等实体构造的连接、屋面挑檐及其他悬梁构件部位都应采用网片、蝶形片、加强筋或其他配件进行加强，门窗及其他洞口处同样应补强。

（3）当钢丝网架水泥夹心复合板用作楼板或屋面板时，如净跨度大于 2.5m（标准板长）时，受拉区应设置补强钢筋（或按设计配筋），支座处亦应设置相应的负弯筋。泰柏板的最大净跨度为 3.6m，GY 板的净跨度最大允许值为 5.2m。

（4）夹心复合板的抹灰通常分两次进行。第一次厚度为 10mm 左右，一般可抹至网平，并用带齿泥抹子沿平行板条的方向拉出小槽，以利于与第二层抹灰层之间的接合；第二次抹灰厚度一般为 8～12mm 或 10～15mm，待第一层抹灰层养护 48h 后方可进行。外墙抹面的水泥砂浆中应掺入抗裂剂，以防外墙面渗水。抹灰完成 3d 内严禁施以任何冲击力。

（5）为便于施工，夹心复合楼板及屋面板可以预制，即在地面预先做好底部抹灰，以避免安装后抹灰操作的困难。板的上部则只抹第一层，即先抹至网面，安装完毕之后再抹第二层。如为非预制楼板或屋面板，则需在底部加好支撑，先做上面抹灰，待上面两层抹灰完成 10d 后方可拆除支撑，做底部抹灰层。

（6）抹面砂浆要求采用 42.5 级硅酸盐水泥和淡水中砂，配比为（1:2）～（1:3），

$R_{28} \geqslant 7.2\text{MPa}$。如采用砂浆泵进行喷涂，则可加入不多于水泥用量 25% 的石灰膏。

要点 57：岩棉的应用

岩棉制品用途很广泛，适用于建筑、石油、电力、冶金、纺织、国防、交通运输等各行业，是管道、贮罐、锅炉、烟道、热交换器、风机、车船等工业设备的理想的隔热、隔声材料；船舶舱室以不燃的岩棉材料取代可燃材料的应用，在国内外都已得到了普遍的重视；在建筑业中（尤其是在高层建筑中），要求使用抗震、防火、隔热、吸声等多功能建筑材料已成为必然的趋势。岩棉在国外应用得极为普遍，我国的应用结果也证明其使用效果良好，经济效益十分优越。

要点 58：岩棉装饰吸声板的应用

由于外形美观大方，岩棉装饰吸声板已成为一种理想的吸声、隔热和装饰材料，广泛应用于各种工业与用民建筑中，如宾馆、饭店、歌舞厅、影剧院、展览馆、体育馆、候机大楼、会议室、办公室、商场、车站以及住宅、别墅等各种场所，以起到提高音质和控制噪声的作用，也可以作为天花板、内墙装饰和保温隔热材料使用。

要点 59：矿棉装饰吸声板的应用

矿棉装饰吸声板不仅吸声性能优良，而且具有优异的保温和装饰效果，同时还具有耐高温、难燃、无毒、无味、不霉、不蛀、不变形、吸水率低、轻质、美观大方、施工方便等诸多优点，是一种较为理想的室内防火装饰材料。因此，它广泛应用于建筑物的吊顶和墙壁等内部装修，尤其适用于播音室、录音棚、影剧院、体育馆等各种场所，可以控制室内的混响时间，改善室内音质。此外，矿棉装饰吸声板还可用于宾馆、饭店、医院、餐厅、办公室、公共建筑走廊、商场、工厂车间以及其他各种民用建筑中用以降低室内噪声，调节室温，改善室内环境。

要点 60：膨胀珍珠岩装饰吸声板的应用

膨胀珍珠岩装饰吸声板常用于影剧院、播音室、录像室、会议室、礼堂、餐厅等公共建筑的音质处理以及工厂、车间的噪声控制，同时也可用于民用公共建筑的顶棚、室内墙面的装修。其密度通常为 $250 \sim 350\text{kg/m}^3$，热导率为 $0.058 \sim 0.08\text{W/(m·K)}$。在工程实际应用中，可按普通天花板及装饰吸声板的施工方法进行安装。

第三章 建筑防火涂料及应用

第一节 防火涂料的概述

要点 1：防火涂料的特点

防火涂料又称为阻燃涂料，在我国现有的涂料品种中属于特种涂料。该类涂料都具有双重性能，当防火涂料涂覆于被保护的可燃基材上时，在正常情况下具有装饰、防锈、防腐及延长被保护材料使用寿命的作用；当遇到火焰或热辐射的作用时，防火涂料可迅速发生物理及化学变化，具有隔热，阻止火焰传播蔓延以及阻止火灾发生和发展的作用。

防火涂料的特点如下。

（1）防火涂料本身具有难燃性或不燃性，使被保护的可燃性基材不直接与空气接触，从而延迟基材着火燃烧。

（2）防火涂料遇火受热分解出不燃的惰性气体，冲淡被保护基材受热分解出的易燃气体和空气中的氧气，抑制燃烧。

（3）燃烧被认为是游离基引起的链锁反应，而含氮、磷的防火涂料受热分解出一些活性自由基团，与有机游离基化合，中断链锁反应，降低燃烧速度。

（4）膨胀型防火涂料遇火膨胀发泡，生成一层泡沫隔热层，封闭被保护的基材，阻止基材燃烧。

要点 2：防火涂料的种类

防火涂料可以从不同角度进行分类。

（1）按基料组成可分为无机防火涂料和有机防火涂料。无机防火涂料用无机盐作基料，有机防火涂料用合成树脂作基料。

（2）按应用环境可分为室内及室外用防火涂料。

（3）按防火机理可分为非膨胀型防火涂料和膨胀型防火涂料。

（4）按分散介质可分为水溶性防火涂料和溶剂型防火涂料。无机防火涂料和乳胶防火涂料一般用水作分散介质，而有机防火涂料一般用有机溶剂作分散介质。

（5）按防火涂料的保护对象可分为钢结构防火涂料（包括预应力混凝土防火涂料）和饰面型防火涂料。

要点3：防火涂料的组成

防火涂料一般由胶粘剂、防火剂、防火隔热填充料及其他添加剂组成。

1. 基料

基料与其他组分配合，既保证涂层在正常工作条件下具有一般的使用性能，又能在火焰或高温作用下使涂层具有难燃性和优良的膨胀效果，对膨胀型防火涂料的性能有很大的影响。常用的基料主要有以下几种。

（1）水性树脂。水性树脂是以水作溶剂的一类树脂。它具有节约有机溶剂，施工方便，毒性小，无火灾危险等优点。常用的水性树脂有聚醋酸乙烯乳液、氯乙烯—偏二氯乙烯共聚物乳液、聚丙烯酸乳液、氯丁橡胶乳液。

（2）含氮树脂。含氮树脂的耐水性、耐化学性、装饰性及物理机械性能都较好，具有一定的阻燃效果。常用的有三聚氰胺甲醛树脂、聚氨基甲酸酯树脂、聚酰胺树脂、丙烯腈共聚物等。

2. 脱水成炭催化剂

脱水成炭催化剂的主要作用是涂料遇热时促进涂层脱水、炭化，形成炭化层。常用的催化剂有磷酸二氢铵、磷酸氢二铵、焦磷酸铵、多聚磷酸铵以及有机磷酸酯等。其中多聚磷酸铵具有水溶性小、热稳定性高的特点。

3. 成炭剂

成炭剂是形成三维空间结构不易燃的泡沫炭化层物质基础，对泡沫炭化层起着骨架的作用，它们是一些含高碳的多羟基化合物，如淀粉、糊精、甘露醇、糖、季戊四醇、二季戊四醇、三季戊四醇、含羟基的树脂等。这些多羟基的化合物和脱水催化剂反应生成多孔结构的炭化层。

4. 发泡剂

涂料受热时，释放出不燃性气体，如氨、二氧化碳、水蒸气、卤化氢等，使涂层膨胀起来，并在涂层内形成海绵状结构。常用的发泡剂有三聚氰胺、氯化石蜡、碳酸盐、磷酸铵盐等。

5. 无机隔热材料

用于钢结构、混凝土的隔热防火涂料，主要有膨胀蛭石、膨胀珍珠岩等。钢结构、混凝土本身是不燃性材料，涂覆防火涂料的目的不是起阻燃作用，而是起隔热作用。

6. 阻燃剂

在防火涂料中的作用是增加涂层的阻燃能力，并在其他组分的协同作用下实现涂层的难燃化。用于防火涂料中的阻燃剂种类很多，常用含磷、卤素的有机阻燃剂，如磷酸酯、三（二溴丙基）磷酸酯、三（二氯丙基）磷酸酯等，常用的无机阻燃剂有氢氧化铝、硼砂、氢氧化镁等。

7. 颜料

对膨胀型防火涂料来说，含无机填料的比例较少，甚至不含。因为其含量的增加会影响涂层的发泡效果，从而降低涂层的防火性能。常用的着色颜料有钛白粉、氧化锌、铁红、铁黄等。

8. 辅助剂

为了提高涂层及炭化层的强度，避免泡沫氧化时造成涂层破裂，在膨胀型防火涂料中有时加入少量的玻璃纤维、石棉纤维、酚醛纤维作为涂层的补强剂。同时某些助剂可以提高涂层的物理性能，如增稠剂、乳化剂、增韧剂、颜料分散剂等。

要点 4：防火涂料的防火原理

按照防火原理，防火涂料大体可分为膨胀型和非膨胀型两类。

1. 膨胀型防火涂料

膨胀型防火涂料成膜后，在火焰或高温作用下，涂层剧烈发泡炭化，形成一个比原涂膜厚几十倍甚至几百倍的难燃的海绵状炭质层。它可以隔断外界火源对底材的直接加热，从而起到阻燃作用。防火涂料发泡形成难燃的海绵状炭质隔热层的过程如下：

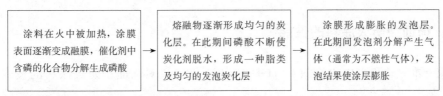

防火涂料发泡后，涂层厚度剧增，因而使其热导率大幅度减小。因此，通过泡沫炭化层传给保护基材的热量只有未膨胀涂层的几十分之一，甚至几百分之一，从而有效地阻止了外部热源的作用。

另一方面，在火焰或高温作用下，涂层发生的软化、熔融、蒸发、膨胀等物理变化，及聚合物、填料等组分发生的分解、解聚化合等化学变化也能吸收大量的热能，抵消一部分外界作用于物体的热，从而对被保护底材的受热升温过程起延滞作用。

此外，涂层在高温下发生脱水成炭反应和熔融覆盖作用，能隔绝空气，使有机物转化为炭化层，避免氧化放热反应的发生。还由于涂层在高温下分解出不燃性气体，能稀释有机物热分解产生的可燃气体及氧气的浓度，抑制燃烧的进行。

2. 非膨胀型防火涂料

非膨胀型防火涂料是通过以下途径发挥作用的：

1) 涂层自身的难燃性或不燃性；

2) 在火焰或高温作用下分解释放出不燃性气体（如水蒸气、氯化氢、二氧化碳等），冲淡氧和可燃性气体，抑制燃烧的产生；

3) 在火焰或高温作用条件下形成不燃性的无机釉膜层，该釉膜层结构致密，能有效地隔绝氧气，并在一定时间内有一定的隔热作用。

非膨胀型防火涂料按照成膜物质的不同，可分为有机和无机两种类型。

第二节　饰面型防火涂料

要点 5：饰面型防火涂料的分类

饰面型防火涂料按分散介质不同分为水性和溶剂型两大类，其分类如图 3-1 所示。

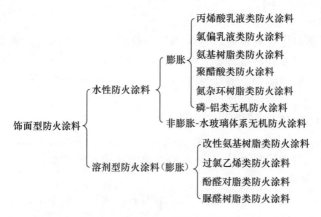

图 3-1　饰面型防火涂料的分类

要点 6：饰面型防火涂料的性能

国家标准《饰面型防火涂料》（GB 12441—2005）对饰面型防火涂料的技术要求见表 3-1。

饰面型防火涂料技术指标　　　　　　　表 3-1

序号	项目		技术指标	缺陷类别
1	在容器中的状态		无结块，搅拌后呈均匀状态	C
2	细度（μm）		≤90	C
3	干燥时间	表干（h）	≤5	C
		实干（h）	≤24	
4	附着力（级）		≤3	A
5	柔韧性（mm）		≤3	B
6	耐冲击性（cm）		≥20	B
7	耐水性（h）		经24h试验，不起皱，不剥落，起泡在标准状态下24h能基本恢复，允许轻微失光和变色	B
8	耐湿热性（h）		经48h试验，涂膜无起泡、无脱落，允许轻微失光和变色	B
9	耐燃时间（min）		≥15	A
10	火焰传播比值		≤25	A
11	质量损失（g）		≤5.0	A
12	炭化体积（cm³）		≤25	A

除此之外还有如下规定：

（1）不宜用有害人体健康的原料和溶剂。

（2）饰面型防火涂料的颜色可根据《漆膜颜色标准》（GB/T 3181—2008）的规定，也可由制造者与用户协商确定。

（3）饰面型防火涂料可用刷涂、喷涂、辊涂和刮涂中任何一种或多种方法方便地施工，能在通常自然环境条件下干燥、固化。成膜后表面无明显凹凸或条痕，没有脱粉、气泡、龟裂、斑点等现象，能形成平整的饰面。

要点 7：饰面型防火涂料的防火机理

按照饰面型防火涂料的防火机理，可以将其分为非膨胀型与膨胀型防火涂料两大类。

1. 非膨胀型防火涂料

非膨胀型防火涂料在受火时，涂层的体积几乎不发生变化。而主要是通过下列几种方式来发挥防火作用：其一是涂层本身具有难燃性或不燃性，可以阻止火焰的蔓延；其二是涂层在高温或火焰的作用下将分解出各种不燃性的气体（如 Cl_2、NH_3、HCl 和水蒸气等），能够稀释空气中的氧气及热分解产生的可燃性气体的浓度，从而有效地阻止或延缓燃烧的进程；另外，涂层在高温或火焰的作用下可以形成不燃性的无机釉状物保护层以覆盖在可燃性基材的表面，该保护层可以隔绝可燃性基材与氧气的接触，从而避免或减少了燃烧反应的发生，并且能在一定的时间内具有一定的阻燃隔热作用。

总体来说，非膨胀型防火涂料虽然对可燃性基材具有一定的阻燃防护作用，但因为涂层的隔热效果较差，通常需要的涂层厚度要比膨胀型防火涂料厚得多。其单位面积的耗用量大、使用成本高、装饰效果差，并且防火隔热效果也略差，所以目前非膨胀型防火涂料的应用有很大的局限性。

2. 膨胀型防火涂料

膨胀型防火涂料成膜后，常温下和普通涂料一样。但当涂层受到高温或火焰的作用时，涂料表面将首先出现熔融现象，然后起泡或隆起，最终会形成均匀且致密的蜂窝状或海绵状的碳质泡沫层。这类泡沫层多孔且致密，可塑性大，即使在高温下灼烧也不易破裂，因此不仅具有很好的隔绝氧气的作用，而且还有非常良好的隔热作用。因为这种涂料的防火作用是靠它受火后形成的泡沫层来实现的，受热后涂层的膨胀倍数往往可以达到几十倍乃至上百倍以上，所以所需的涂层厚度较薄，有利于满足装饰性的需求。

膨胀型防火涂料的膨胀发泡机理大致如下：涂层受热后，在高温作用下慢慢开始产生软化和分解现象，变成黏稠的熔融体；涂层受热后分解所生成的气体从熔融层中释出，使涂层缓慢膨胀而形成泡沫体；泡沫层物质产生缩合反应（脱水和交联），使熔体黏度不断增加，泡沫层厚度也随之增加，并且进一步发生交联反应。当泡沫层的体积达到最大时，产生凝固及炭化，形成多孔、致密的膨胀炭化层结构。

所形成的碳化层对被保护的可燃性基材具有下列四种防火作用：

（1）隔绝火焰对被保护基材的直接热传导及热辐射；

（2）涂层的软化、熔融、膨胀等物理变化过程和基料、助剂、填料的分解、挥发和炭化等化学作用都能够吸收大量的热量，从而可以降低被保护基材的表面温度；

（3）隔绝基材和空气的直接接触，减缓基材的高温氧化降解速度；

（4）涂层分解所释放出的惰性或阻燃性气体，能够在气相中冲淡可燃性气体和氧气的浓度，并有效地遏制基材的燃烧。

所以，与非膨胀型防火涂料相比，膨胀型防火涂料是一种极其有效的防火材料。

要点 8：饰面型防火涂料的组成

1. 非膨胀型防火涂料的组成

非膨胀型饰面型防火涂料可以分为有机与无机两大类。

（1）有机非膨胀型防火涂料

这类涂料一般由含有卤素与氮、磷等阻燃元素的难燃性有机树脂以及各种阻燃剂和无机颜填料组成。

含卤树脂具有良好的难燃自熄性，又有较好的耐水性和化学稳定性，而且受热时可以分解释放出卤化氢气体。卤化氢对可燃性气体燃烧的自由基链式反应具有断链作用，因此能够有效地抑制燃烧的进行。所以含卤树脂被广泛应用于防火涂料的生产中，并且因为热稳定性相对较好同时价格低廉的含氯树脂应用得相当广泛。常用的含氯树脂包括氯化橡胶、氯化聚酯、聚偏二氯乙烯、氯化环氧、聚氯乙烯、过氯乙烯、偏氯乙烯-氯乙烯共聚物、氯磺化聚乙烯、氯丁橡胶乳液、偏二氯乙烯-丙烯酸共聚物乳液、氯化石蜡等。含卤树脂的含卤量越高，其难燃效果就越好。但含卤量增加以后，树脂的物理力学性能和耐热性能都有可能降低，因此应合理地选择基体树脂。

将含卤树脂与三氧化二锑配合使用时，能够发挥更好的防火效果。这是因为含卤树脂受热分解时将释放出卤化氢气体，它除了可以捕捉自由基终止连锁反应以外，还能与三氧化二锑反应产生低熔点、低沸点的三卤化锑等含锑化合物覆盖在涂层表面，用来隔绝被保护的基材与空气的接触从而有效地抑制燃烧。

除基体树脂以外，阻燃剂也是防火涂料中的重要组成部分。当环氧树脂、醇酸树脂、酚醛树脂等非难燃性的树脂用作非膨胀型防火涂料的基料时，主要就是靠添加阻燃剂与无机填料来实现难燃作用的。常用的阻燃剂包括各种含卤素、磷元素、氮元素的有机阻燃剂（如氯化石蜡、十溴联苯醚、磷酸三丁酯等）以及硼系（硼砂、硼酸、硼酸锌、硼酸铝）、锑系、铝系、镁系等各种无机阻燃剂。

无机填料在非膨胀型防火涂料中也占有相当大的比例。它可以降低涂层中有机高聚物的体积浓度，使单位面积上的热分解生成物降低，从而使涂层的耐热性和耐燃性得以提高。有些无机填料在高温作用下能够发生脱水、分解等吸热反应或熔融、蒸发等物理吸热过程，因此可以延缓基材表面温度的上升。另外，填料分解所生成的气体能稀释气相中可燃性气体和氧气的浓度，填料熔融所形成的无机覆盖层还可以使可燃性基材和空气隔绝。无机填料的这些作用与阻燃剂以及难燃树脂的作用相互配合将会得到良好的阻燃效果。常用的无机填料包括石棉粉、磷酸铝、钛白粉、玻璃粉、滑石粉、氧化锌等。

（2）无机非膨胀型防火涂料

无机非膨胀型防火涂料主要是通过涂层自身的耐火不燃性，以及在高温下能够形成釉状保护层覆盖在基材表面，从而使基材和空气隔绝等途径来达到防火阻燃的目的。可用作无机非膨胀型防火涂料的基料主要包括水玻璃（硅酸钠、硅酸钾、硅酸锂等）、硅溶胶、磷酸盐、水泥等。所用的填料主要是一些耐火矿物质，例如氧化铝、石棉粉、锌钡白、碳酸钙、氧化锌、珍珠岩、云母、硅藻土、钛白粉等。

无机非膨胀型防火涂料具有较高的耐热性及不燃性，而且价格低廉、无毒、不发烟，特别是对于阻抗瞬时性高温具有良好的效果。其缺点是附着力和物理力学性能较差，易龟裂、粉化，涂层的装饰性不好。

2. 膨胀型防火涂料的组成

由膨胀型防火涂料的防火机理可知，它至少应该由具有下列四种作用的材料组成：一是具有高含碳量的物质，它可以在高温下产生数量足够的碳，以致形成密度适中并且具有一定厚度的碳质泡沫层；二是要有一种可以促使高含碳量的物质在高温下快速分解的催化剂，这种催化剂还应有利于促进气体的形成；三是要有一种发泡剂，它在高温下能够生成大量的难燃性气体，使涂料熔体能够起泡膨胀；四是要有一种粘结剂或用作成膜物质（基料）的材料，它干燥后所形成的薄膜要有一定的硬度，但不得形成高度交联的热稳定结构，而且它在高温下要可以转变成具有良好流动性的黏稠状的熔融物，允许气体鼓泡穿过从而形成膨胀应产生泡沫。为了获得稳定的泡沫层，一般成膜物质的液化、发泡剂分解产生气体和高含碳量物质的炭化反应应是一同发生的。

实际上，膨胀型防火涂料一般是由基料、防火体系、颜填料、分散介质以及其他一些助剂（如增塑剂、稳定剂、防水剂、防潮剂、流平剂、触变剂、消泡剂等）所组成的。这些组分必须相互匹配，才可以获得最佳的膨胀发泡以及防火阻燃的效果。现分别简述如下。

（1）基料

基料又称成膜物质，它能够将涂料中的各种组分紧密地粘结在一起，干燥后形成坚韧的涂层，因此也称为粘结剂。基料对防火涂料的性能起着决定性的作用。若它能与其他组分很好地匹配，则不但可以使涂料在常温下具有很好的使用性能，而且也会使涂料在高温下具有良好的膨胀发泡性能和阻燃性能。

选择基料时应遵循下列三个原则：一是在高温下（700～1000℃），基料和基材间仍然存在着较强的粘结作用，而且防火涂料的阻燃隔热性能应当不受影响；二是所选择的基料应能使涂料具有良好的理化性能，并且对基材不具有腐蚀作用；三是选择基料时应当考虑其碳化膨胀层的高度和泡沫层的强度，也就是说，基料的软化温度、熔融温度应当和阻燃体系的分解温度很好地匹配。同时，基料熔融后应当具有足够强的黏度，以使碳化泡沫层可以形成均匀致密的结构。

常用的基料可以是水性的树脂，包括含卤的水性树脂（氯乙烯—偏氯乙烯共聚物乳液、氯丁橡胶乳液）和丙烯酸酯类树脂、氨基树脂、聚醋酸乙烯类树脂等。也可以是溶剂型树脂，包括聚氯乙烯类树脂、过氯乙烯类树脂、氯丁橡胶树脂、聚氨酯类树脂和环氧树脂等。目前，为了得到综合性能优异的涂层，还经常采用拼合树脂来作为基料。

（2）防火体系

膨胀型防火涂料的防火体系主要是由碳源、酸源和气源等组成的，称为P-C-N体系。有时还可以使用一些其他的阻燃添加剂。

碳源主要是一些含碳量高得多羟基化合物或碳水化合物，例如淀粉、季戊四醇、双季戊四醇、山梨醇等。它们可以在酸源的作用下产生分解反应，失水后碳化而形成难燃的、具有三维空间结构的碳质骨架。碳源对泡沫状碳化层发挥骨架支撑的作用。一般宜采用含碳量高但碳化反应速率较慢的物质作为碳源，并且其用量应适宜。如果碳源的用量过大，将会抑制泡沫层的膨胀高度，使结构过于致密；用量太少时，又不利于形成完整的泡沫层，也达不到防火隔热的目的。膨胀型防火涂料常用的碳源列于表 3-2 中。

膨胀型防火涂料常用的碳源 表 3-2

化合物	分子式	含碳量（%）	羟基含量（%）
多元醇			
丁四醇	$C_4H_6(OH)_4$	39.3	55.7
季戊四醇	$C_5H_8(OH)_4$	44.1	50.0
季戊四醇二聚体	$C_{10}H_{16}(OH)_6$	50.4	42.9
季戊四醇三聚体	$C_{15}H_{24}(OH)_8$	52.9	40.0
阿拉伯糖醇	$C_5H_7(OH)_5$	39.4	55.9
山梨醇	$C_6H_8(OH)_6$	39.6	56.0
环己六醇	$C_6H_6(OH)_6$	40.0	56.7
糖类			
葡萄糖	$C_6H_{12}O_6$	40.0	47.2
蔗糖	$C_{12}H_{22}O_{11}$	42.1	39.8
阿拉伯糖	$C_5H_{10}O_4$	40.0	45.3
淀粉	$(C_6H_{10}O_5)_n$	44.4	31.5
多元酚			
间苯二酚	$C_6H_4(OH)_2$	65.5	30.9

酸源则是一种可以在较碳源分解温度低的温度下发生分解，并且可以释放出无机酸的盐类物质，它是形成发泡碳层的催化剂。通常应用磷酸盐、聚磷酸铵、有机卤代磷酸酯（如三氯乙烯基磷酸酯）等含磷化合物作为酸源。它们可以在 $100\sim250℃$ 的温度范围内发生分解，并生成磷酸、偏磷酸或聚磷酸等强脱水剂类的物质。膨胀型防火涂料常用的酸源列于表 3-3 中。

膨胀型防火涂料常用的酸源 表 3-3

化合物	分子式	磷含量（%）	分解温度（%）	溶解度（g/100g H_2O）
磷酸二氢铵	$NH_4H_2PO_4$	26.9	150	27.2
磷酸氢二铵	$(NH_4)_2HPO_4$	23.5	87	40.8
聚磷酸铵	$(NH_4)_{n+2}P_nO_{3n+1}$	32.0	212	1.5
磷酸脲	$CO(NH_2)_2 \cdot H_3PO_4$	19.6	130	52.0
磷酸胍基脲	$C_2H_6N_4O \cdot H_3PO_4$	15.5	191	—
磷酸蜜胺	$C_3H_6N_6 \cdot H_3PO_4$	13.8	—	0.7
焦磷酸蜜胺	$2(C_3H_6N_6) \cdot H_3PO_4$	8.9	—	0.2

当要求防火涂料具有较好的耐候性时，还可以选用磷酸蜜胺或焦磷酸蜜胺来作为酸源，但它们的价格相对较高。总之，选择酸源时应将其水溶性、热稳定性、磷含量以及价格等因素综合起来进行考虑。

气源则是能够在受热后发生热分解反应，产生不燃性气体（如 HCl、NH_3、CO_2、H_2O 等），以使涂层膨胀发泡最终形成泡沫状结构的物质。通常选用含氮的化合物作为气源，如三聚氰胺、六次甲基四胺、偶氮化合物、蜜胺树脂、脲醛树脂、磷酸铵、双氰胺、尿素等。

选择气源时需注意其分解温度。如果气源的分解温度过低，则在酸源和碳源分解之前气体早已释放完毕，将无法形成泡沫状碳层；如果气源的分解温度过高，气体集中释放，则会将泡沫状碳层顶起或吹塌。所以在实际应用时，为了提高涂层的耐火性能，经常复配使用两种分别能够在低温和高温下产生分解的气源。膨胀型防火涂料常用的气源列于表 3-4 中。

膨胀型防火涂料常用的气源　　　　　　　　　　　　表 3-4

化合物	分子式	产生气体	分解温度（℃）
双氰胺	$C_2H_4N_4$	NH_3，CO_2，H_2O	210
蜜胺	$C_3H_6N_6$	NH_3，CO_2，H_2O	250
胍	CH_5N_3	NH_3，CO_2，H_2O	160
甘氨酸	$C_2H_5N_2$	NH_3，CO_2，H_2O	233
尿素	CH_4N_2O	NH_3，CO_2，H_2O	130
氯化石蜡	—	HCl，CO_2，H_2O	190

总体来说，膨胀型防火体系在防火涂料中的添加量通常为 50%～70%。用量过低时，不能形成性能优良的发泡碳质层；用量过大时，不但会使涂料的理化性能下降，而且还会使碳质泡沫层的性能不佳。另外，起膨胀作用的三种组分要以最佳的比例相配合才能得到性能优异的涂层。在大多数配方中，酸源占 40%～60%、碳源占 10%～20%、气源占 30%～40%。

为了进一步提升涂层的阻燃性能，还经常在涂料中额外添加各种阻燃剂。

（3）颜填料

为了确保膨胀发泡效果，防火涂料中通常只添加极少量的无机颜填料以满足遮盖力的要求。钛白粉是涂料中广泛应用的一种极好的白色颜填料。如果基料或防火体系中含有卤族元素时，经常以三氧化二锑部分取代钛白粉，既可以起到颜料的作用，又可以发挥涂料的防火效果。其他常用的着色颜料还包括氧化锌、铁黄、铁红等，尤以有机型颜料为好。

为了提高膨胀型防火涂料的泡沫层强度及耐火性能，更重要的是要改善防火涂料的物理力学性能（如耐候性、耐磨性等）与化学性能（耐酸碱性、耐腐蚀性、耐水性等），还经常需要加入一些无机填料，如分子筛、黏土、滑石粉、硅灰石粉等。

（4）分散介质

组成涂料的各种组分应均匀地分散在介质中，才可以很好地生产和应用。分散介质的使用有利于生产过程中各组分的分散，在应用时还可以降低成膜物质的黏度，使之便于施工以得到均匀且连续的涂层。

当分散介质为有机溶剂时称为溶剂型（油性）膨胀型防火涂料。常用的溶剂是各种牌号的溶剂油、醇、酮、酯、卤代烃等。

当分散介质为水时称为水性膨胀型防火涂料。它可以是水溶性的涂料，也可以是水分散体状态的涂料。

溶剂型膨胀防火涂料较之水性膨胀型防火涂料不但价格高，而且还存在着溶剂挥发将污染环境的问题，尤其是在贮存、运输及涂膜完全干燥前都要注意防火安全性避免引起火灾。所以，目前国际上生产和使用的涂料大多数是水性的。

（5）助剂

助剂在防火涂料中当作辅助成分使用，用量很少但作用很大，主要包括增塑剂、热稳定剂、分散剂、防老剂等。它们可以明显改善涂料的柔韧性、弹性、附着力及热稳定性等各种性能。

常用的增塑剂包括：有机磷酸酯（磷酸三甲酚酯、磷酸三苯酯、三氯乙烯基磷酸酯等）、氯化石蜡、氯化联苯、邻苯二甲酸二丁酯（辛酯）等。热稳定剂的作用也非常重要，因为在涂料研磨过程中，有些树脂在温度不太高的情况下就会出现分解。例如，氯化橡胶在150℃左右时就会发生分解而释放出氯化氢气体，在混有氯化氢的情况下，氯化橡胶的分解速度更快，会使涂料的性能遭到破坏。一些低分子量的环氧树脂，既可以吸收氯化氢，又可以与树脂分解所生成的双键相结合，起到了良好的稳定作用。例如，环氧氯丙烷、环氧大豆油等均是很好的热稳定剂，氧化镁也具有极好的热稳定效果。其他助剂，例如分散剂、防老剂、抗紫外线剂、表面活性剂等各种助剂，对涂料也是十分重要的，可以根据涂料的使用范围而酌情进行选用。

要点 9：饰面型防火涂料的生产工艺

饰面型防火涂料的制造工艺和普通涂料的制造工艺基本相同，基本分为三步进行。

（1）混合又常称为调浆或拌合，是将基料、防火体系、颜填料等组分通过搅拌的方式进行混合，以确保制得的涂料浆具有下一步操作时所需要的流动性。所使用的设备包括低黏度涂料浆混合器、黏稠涂料浆混合机、高黏度混合机（捏合机）等。

（2）分散习惯上又称为研磨（分散设备称为磨机）。这一步工艺是使已经混合的涂料浆达到充分润湿的状态，同时使涂料浆中大颗粒物质的粒度降低至规定的细度。所使用的设备包括球磨机（立式、卧式）、辊磨机（三辊、五辊、单辊）、砂磨机（开式、立式封闭、卧式封闭）、高速分散机（双轴双叶轮高速机、快慢轴轮翅高速机），其他应用的设备还有双辊磨、搅拌式球磨、涡流式分散机、胶体磨、双轴砂磨、多筒砂磨等。

（3）调和又称为调涂料，是将涂料浆以及其他各种辅助成分按照配方规定配成涂料，达到规定的颜色和细度，同时实现全系统稳定化的过程。现代颜料工业生产的部分产品的易分散性已经达到了很高的程度，可以无需经过混合、分散等预混步骤，而在调和过程中直接进行均匀的分散，一步形成涂料。使用的设备包括电机直联高速调和槽、底部搅拌调和槽、单柱高速调和机、双头调和机等。

要点 10：饰面型防火涂料的施工要点

在对可燃性基材进行防火处理前必须根据工程的结构特点提出具体可行的施工方案。

1. 基材的前处理

为了获得性能优异的涂膜，施工前应对被涂基材的表面进行处理。例如表面有洞眼、缝隙和凹凸不平等缺陷时，应用砂纸打磨平整或使用防火涂料填堵补平，并将尘土、浮灰、油污等杂物彻底清除干净，以确保涂料与基材的粘接良好。

2. 溶剂型饰面防火涂料的施工要求

因为防火涂料的固含量较大，较易沉淀，使用前应将涂料充分地搅拌均匀。如果涂料太稠时，可在涂料中加入一定的溶剂进行稀释，将涂料的黏度调整到便于施工即可，调整黏度的原则是施工时不发生流坠现象。使用喷涂或辊涂工艺进行施工时，涂料的黏度应比采用刷涂工艺时低。

施工应在通风良好的环境条件下进行，而且施工现场的环境温度宜在-5～40℃的条件下、相对湿度需小于90％，基材表面有结露时不能施工。施工好的涂料在没有完全固化以前不能受到雨淋的破坏，也不能受到雾、水及表面结露的影响。施工好的涂料，涂层不得有空鼓、开裂、脱落等问题。还需注意的是，溶剂型防火涂料中的溶剂属于易燃品而且对人体有害，所以在施工过程中应注意防火安全以及对人员的健康保护。在整个施工过程中都应禁止烟火。

通常，溶剂型饰面防火涂料的施工应分次进行，而且每次涂刷作业必须在前一遍的涂层基本干燥或固化后进行。除在大面积的防火涂料施工或在高空作业时，采取以机具喷涂为主、手工操作为辅的施工工艺以外，其他情况下通常采用刷涂或辊涂工艺进行施工。

3. 水性饰面防火涂料的施工要求

水性饰面型防火涂料的施工环境条件通常为：环境温度宜在5～40℃，相对湿度不超过85％。当温度在5℃以下、相对湿度在85％以上时施工效果会受到影响。基材表面有结露时不得施工。施工好的涂料在未完全固化以前不能受到雨淋的破坏，也不能受到雾、水的侵蚀和表面结露的影响。施工好的涂料，涂层不得出现空鼓、开裂、脱落等问题。

使用前应将涂料充分地搅拌均匀。如果涂料太稠，可加入适量水进行稀释。应将涂料的黏度调整到便于施工，调整原则是施工时不产生流淌和下坠现象。采用喷涂或辊涂工艺施工时，涂料的黏度需比采用刷涂工艺施工时低些。

水性饰面型防火涂料的施工应分次进行，而且每次涂刷作业必须待前一遍涂层基本干燥或固化后进行。除了在大面积的防火涂料施工或在高空作业中采取以机具喷涂涂装为主、手工操作为辅的施工工艺以外，其他情况下大多选择刷涂或辊涂工艺进行施工。在施工过程中严禁混入有机溶剂和其他涂料。

要点 11：饰面型防火涂料的验收要求

饰面型防火涂料的验收要求如下：

（1）材料的参考用量是湿涂覆比 500g/m²；

（2）涂层没有漏涂、空鼓、脱粉、龟裂现象；

（3）涂层和基材之间、各涂层之间应粘接牢固，无脱层现象；

（4）涂料的颜色和外观符合设计要求，涂膜平整、光滑。

要点 12：饰面型防火涂料的试验方法

防火涂料的试验方法，包括物理性能、化学性能、力学性能及防火性能等的试验方法。

1. 饰面型防火涂料物理、化学性能试验方法

（1）漆膜一般制备法。本方法使用的试验基材为马口铁板或铝板，基材厚度为0.2～0.3mm，马口铁板应先用0号砂布打磨除锈，去掉镀锡层，用200号溶剂汽油洗净，擦干使用。样板的制备采用刷涂或喷涂，涂膜应均匀。样板制好后，放入温度（25±1）℃，相对湿度 65％±5％条件下进行状态调节。

涂膜干燥后的厚度要求应根据防火涂料的类别而定，透明防火涂料干膜厚度为（25±5）μm，其他类别防火涂料干膜厚度为（40±5）μm。

（2）涂料储存稳定性试验方法。打开储存涂料的容器盖，用搅拌器搅拌容器内的试样，观察涂料是否均匀，有无结块。

（3）漆膜、腻子膜干燥时间测定法。按漆膜一般制备法在马口铁板上制备涂膜，在标准气候条件下进行干燥，每隔一定时间，在距膜面边缘不小于 1cm 的范围内，检验涂膜是否表干或实干。

吹棉球法（表面干燥时间测定法）：在涂膜表面上轻轻放上一个脱脂棉球，在距棉球 10～15cm 处，沿水平方向用嘴轻吹棉球，如能吹走，膜面不留有棉丝，即为表面干燥。

压滤纸法（实际干燥时间测定法）：在涂膜上放一片定性滤纸，滤纸上再轻轻放置干燥试验器，同时按动秒表，30s 后移去试验器，将样板翻转，使涂膜向下，滤纸能自由落下或在背面用食指轻敲几下，滤纸落下。即认为涂膜实际干燥。

（4）涂料研磨细度测定法。将细度计（采用国际标准 ISO 1504 规定的刮板细度计）和刮刀擦洗干净，滴入被测试样，在 1～2s 内刮刀以均匀速度刮过。3s 以内视线与沟槽的长边垂直，与细度计表面呈 20°～30°角观察，确定 5～10 个颗粒在沟槽条带内的位置。

（5）漆膜附着力测定法。漆膜附着力测定法采用划圈法，按漆膜一般制备法在马口铁板或铝板上制备样板 3 块。在标准气候条件下放置 48h，然后将样板放置于附着力测试仪上，用螺栓紧固，均匀摇动手柄，圆滚划痕长 70～80mm。取出，用漆刷除去划痕上的漆屑，用 4 倍放大镜检查划痕并评级。结果评定以最少两个样板级别一致为准。

（6）漆膜耐冲击性测定法按漆膜一般制备法在马口铁板上制备涂膜。在标准气候条件下进行状态调节 48h 后，将试板涂膜向上平放于冲击试验器的铁砧上，样板受冲击部分距边缘应不小于 15mm，每个冲击点的边缘相距应不小于 15mm。重锤借控制装置维持在规定高度，按压控制钮让重锤自由落下。取出，用 4 倍放大镜观察受冲击部分有无裂纹和剥落等现象，有即为未通过。

（7）漆膜柔韧性测定法按漆膜一般制备法在马口铁板上制备漆膜。待漆膜实干后，在标准气候条件下进行状态调节 48h，漆膜朝上，用双手将试板紧压于柔韧性测定器的轴棒上，绕棒弯曲，弯曲后双手拇指应对称于轴棒中心，其动作应在 2～3s 内完成。用 4 倍放大镜观察。如有网纹、裂纹及剥落等现象，即为未通过。

（8）漆膜耐湿热性测定法按测定耐湿热、耐盐雾、耐候性的漆膜制备法在有机玻璃板上制备涂膜。在标准气候条件下进行状态调节 48h 以上，将样板悬挂于预先已调至温度为（47±1）℃、相对湿度为 96％±2％的调温调湿箱中，等回升到上述温度、湿度时，开始计算试验时间。连续试验 48h 后，取出样板，观察涂膜如有龟裂、起泡、脱落等现象，即为不合格。

（9）漆膜耐水性测定法按漆膜一般制备法在 3 块马口铁板上制备涂膜。在标准气候条件下进行状态调节 48h 后，将样板用 1∶1 的石蜡和松香混合物封边，然后将样板放入温度为（25±1）℃的蒸馏水中，浸入面积为样板的 2/3，等达到规定时间后，取出，用滤纸吸干样板上的水分，在恒温恒湿条件下以目测观察，如有剥落及起皱现象，即为不合格。

2. 饰面型防火涂料防火性能试验方法

饰面型防火涂料防火性能试验方法有三个，即大板燃烧法、隧道燃烧法、小室燃烧法，测定的项目有耐燃时间、火焰传播比值、阻火性能（失重、炭化体积）。

（1）大板燃烧法

这种试验方法适用于适用于饰面型防火涂料耐燃时间的测定。

试验装置由试验架、燃烧器、喷射吸气器等组成，见图3-2。

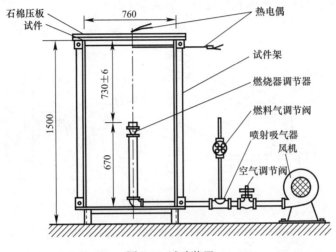

图 3-2　试验装置

试验架为 30mm×30mm 角钢构成的框架，其内部尺寸为 760mm×760mm×1400mm。框架下端脚高 100mm，上端用以放置试件。石棉压板由 900mm×900mm×20mm 石棉板制成，中心有一直径为 500mm 的圆孔。燃烧器由内径 42mm、壁厚 3mm、高 42mm 以及内径 28mm、壁厚 3mm、高 25mm 的两个铜套管组合而成，安装在公称直径为 40mm×32mm 变径直通管接头上。燃烧器口到试件的距离为 730mm±6mm。喷射吸气器由公称直径为 32mm×32mm×15mm 变径三通管接头以及旋入三通管接头一端的喷嘴所组成，喷嘴长 54mm，中心孔径为 14mm。鼓风机风量（1～5）m³/min。

试验方法包括试件制备和试验程序等部分。

1）试件制备。试验基材为一级五层胶合板，基材厚度为 5mm±0.2mm，试板尺寸为 900mm×900mm。表面应平整光滑，并保证试板的一面距中心 250mm 平面内不得有拼缝和节疤。试件为单面涂覆其湿涂覆比值为 500g/m²，涂覆误差为规定值的±2%。若需分次涂覆，则两次涂覆的间隔时间不得小于 24h。试件在涂覆饰面型防火涂料后应在温度（23±2）℃、相对湿度（50±5）%的环境条件下调节至质量恒定（相隔 24h 两次称量其质量变化不大于 0.5%）。

2）试验程序。检查热电偶及计算机系统工作是否正常。将经过状态调节至质量恒定的试件水平放置于试验架上，使涂有防火涂料的一面向下，试件中心正对燃烧器，其背面压上石棉压板。将测火焰温度的铠装热电偶水平放置于试件下方，其热接点距试件受火面中心 50mm（试验中，若涂料发泡膨胀厚度大于 50mm 时，可将热电偶垂直向下移动直至热接点露出发泡层）。再将测背火面温度的 5 支铜片表面热电偶放置于试件背火面，其中 1

支铜片表面热电偶放置于试件背火面对角线交叉点，另外4支铜片表面热电偶分别放置于试件背火面离交叉点100mm的对角线上。每个铜片上应覆盖30mm×30mm×2mm石棉板一块，石棉板应与试件紧贴，并以适当方式固定，不允许压其他物体。

（2）隧道燃烧法

隧道燃烧法适用于饰面型防火涂料火焰传播性能的测定。

试验设备有隧道炉、燃烧器、点火器、盖板、温度监测仪表和计时器等。隧道炉由角钢架及陶瓷纤维板（或石棉水泥板）构成，如图3-3所示。

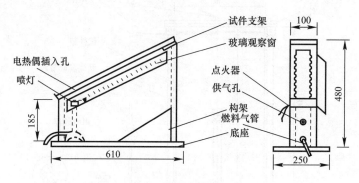

图3-3 隧道炉示意

角钢架由35mm×30mm×2mm角钢焊接而成。角钢架的顶部长610mm、宽100mm，其平面的纵向与水平面成28°的夹角，为试件的支架。整个钢架焊接在一长610mm、宽100mm、厚120mm的钢底座上。角钢板架的低端距底185mm，高端距底座约480mm。隧道炉的烟道端为敞开式；隧道炉低端距底座110mm中心处有一直径为25mm的供气孔。耐热玻璃板观察窗位于试件支架侧下方，用一片长622m、宽50mm、厚3mm的石英玻璃或耐热高硅玻璃制成，在这块玻璃上按25mm的间隔，从一端的100mm处至500mm处依次作上标记。

石棉标准板尺寸为长600mm、宽90mm、厚6～8mm。橡树木标准板为长600mm、宽90mm、厚8～10mm，其气干密度为（0.7～0.85）g/cm³（或采用气干密度相近的壳斗科植物木材）。板面要求平整光滑，无节疤、无缺陷，纹理应与板的长度方向一致。试验基材为一级五层胶合板，厚度为（5±0.2）mm。试板长为600mm、宽90mm。试板表面应平整光滑、无节疤和明显缺陷。试件为单面涂覆其湿涂覆比值为500g/m²，涂覆误差为规定值的±2%。若需分次涂覆，则两次涂覆的间隔时间不得小于24h，涂刷应均匀。试件在涂覆防火涂料后应在温度（23±2）℃，相对湿度（50±5）%的条件下调节至质量恒定（相隔24h前后两次称量的质量变化不大于0.5%）。

试验前，应先用标准板将试验装置加以校准。校准时规定，石棉板标准的火焰传播比值为"0"，橡树木标准板的火焰传播比值为"100"。开启燃气阀，点燃燃料气，调整燃气供给量。当燃气为液化石油气时，供给量约为860mL/min（相当于90kJ/min±2kJ/min）。吸入空气量应调至火焰内部发蓝，从试件背温测试点测得的中部焰温达到（900±20）℃为宜。保持系统的工作状态，关闭燃气开关阀。将处理过的石棉标准板光滑一面向下，置于试件支架内；盖上绝热盖板。开启已调整好的喷灯燃气阀，点燃燃料气的同时启动记录仪，观察喷灯火焰沿试件底侧面扩展情况，每隔15s记录火焰前沿达到的距离长度值，直至 4min，关闭燃气开关阀，依次取下盖板和试件。取相邻 3 个最大火焰传播读数的平均值为石棉试板的火焰传播值（cm）。石棉标准板至少应有两个试板的重复测试数据，两个试板的火焰传播值的平均值即为石棉标准板的火焰传播值 L_a（cm）。将处理过的橡树木标准板依照石棉标准板相同的操作程序进行试验，测试橡树木试板的火焰传播值，以 5 个试板的重复测试数据的平均值为橡树木标准板的火焰传播值 L_r（cm）。隧道炉的校正常数由下式计算：

$$K = \frac{100}{L_r - L_a} \tag{3-1}$$

式中　K——隧道炉的校正常数，cm^{-1}；

　　　L_r——橡树木标准板的火焰传播值，cm；

　　　L_a——石棉标准板的火焰传播值，cm。

（3）小室燃烧法

适用于饰面型防火涂料阻火性能的测定。

小室燃烧箱为一镶有玻璃门窗的金属板箱，如图 3-4 所示。试件支撑架由两块扁铁构成，斜置于小室内，与箱底成 45°角。

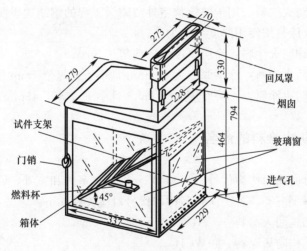

图 3-4　燃烧试验小室示意

小室燃烧法包括试件制备和试验程序等部分。

1）试件制备。试验基材选用一级桦木五层胶合板或一级松木五层胶合板制成。尺寸为 300mm×150mm×（5±0.2）mm；试板表面应平整光滑，无节疤拼缝或其他缺陷。试件为单面涂覆其湿涂覆比值为 250g/m²（不包括封边），涂覆误差为规定值的 ±2%，先将防火涂料涂覆于试板四周封边，24h 后再将防火涂料均匀地涂覆于试板的一表面。若需分次涂覆时，则两次涂覆的时间间隔不得小于 24h，涂刷应均匀。试板在涂覆防火涂料后应在温度（23±2）℃，相对湿度（50±5）% 的条件下状态调节至质量恒定（相隔 24h 前后两次称量的质量变化不大于 0.5%）。每组试验应制备 10 个试件。

2）试验程序。将经过状态调节的试件置于（50±2）℃的烘箱中处理 40h，取出冷却至室温，准确称量至 0.1g。将称量后的试件放在试件支撑架上，使其涂覆面向下。用移液管或滴定管取 5ml，化学纯级无水乙醇注入燃料杯中，将燃料杯放在基座上，使杯沿到试件受火面的最近垂直距离为 25mm。点火、关门，试验持续到火焰自熄为止。试验过程中不应有强制通风。每组试验应重复作 5 个试件。

第三节　钢结构防火涂料

要点 13：钢结构防火涂料的定义

钢结构防火涂料是指施涂于建筑物及构筑物的钢结构表面，能形成耐火隔热保护层以提高钢结构耐火极限的涂料。

要点 14：钢结构防火涂料的分类

（1）钢结构防火涂料按使用场所可分为：
1）室内钢结构防火涂料：用于建筑物室内或隐蔽工程的钢结构表面。
2）室外钢结构防火涂料：用于建筑物室外或露天工程的钢结构表面。
（2）钢结构防火涂料按使用厚度可分为：
1）超薄型钢结构防火涂料：涂层厚度小于或等于 3mm。
2）薄型钢结构防火涂料：涂层厚度大于 3mm 且小于或等于 7mm。
3）厚型钢结构防火涂料：涂层厚度大于 7mm 且小于或等于 45mm。

要点 15：钢结构防火涂料的命名

以汉语拼音字母的缩写作为代号，N 和 W 分别代表室内和室外，CB、B 和 H 分别代表超薄型、薄型和厚型三类，各类涂料名称与代号对应关系如下：
室内超薄型钢结构防火涂料——NCB
室外超薄型钢结构防火涂料——WCB
室内薄型钢结构防火涂料——NB
室外薄型钢结构防火涂料——WB
室内厚型钢结构防火涂料——NH
室外厚型钢结构防火涂料——WH

要点 16：钢结构防火涂料的技术要求

1. 一般要求
（1）用于制造防火涂料的原料应不含石棉和甲醛，不宜采用苯类溶剂。
（2）涂料可用喷涂、抹涂、刷涂、辊涂、刮涂等方法中的任何一种或多种方法方便地施工，并能在通常的自然环境条件下干燥固化。
（3）复层涂料应相互配套，底层涂料应能同普通的防锈漆配合使用，或者底层涂料自身具有防锈性能。

（4）涂层实干后不应有刺激性气味。

2. 性能指标

（1）室内钢结构防火涂料的技术性能应符合表 3-5 的规定。

室内钢结构防火涂料技术性能　　　　　　表 3-5

序号	检验项目		技术指标			缺陷分类
			NCB	NB	NH	
1	在容器中的状态		经搅拌后呈均匀细腻状态，无结块	经搅拌后呈均匀液态或稠厚流体状态，无结块	经搅拌后呈稠厚流体状态，无结块	C
2	干燥时间（表干）(h)		≤8	≤12	≤24	C
3	外观与颜色		涂层干燥后，外观与颜色同样品相比应无明显差别	涂层干燥后，外观与颜色同样品相比应无明显差别	—	C
4	初期干燥抗裂性		不应出现裂纹	允许出现 1~3 条裂纹，其宽度应≤0.5mm	允许出现 1~3 条裂纹，其宽度应≤1mm	C
5	粘结强度（MPa）		≥0.20	≥0.15	≥0.04	B
6	抗压强度（MPa）		—	—	≥0.3	C
7	干密度（kg/m³）		—	—	≤500	C
8	耐水性（h）		≥24 涂层应无起层、发泡、脱落现象	≥24 涂层应无起层、发泡、脱落现象	≥24 涂层应无起层、发泡、脱落现象	B
9	耐冷热循环性（次）		≥15 涂层应无开裂、剥落、起泡现象	≥15 涂层应无开裂、剥落、起泡现象	≥15 涂层应无开裂、剥落、起泡现象	B
10	耐火性能	涂层厚度（不大于）(mm)	2.00±0.20	5.0±0.5	25±2	A
		耐火极限（不低于）(h)（以 136b 或 140b 标准工字钢梁作基材）	1.0	1.0	2.0	

注：裸露钢梁耐火极限为 15min（136b、140b 验证数据），作为表中 0mm 涂层厚度耐火极限基础数据。

（2）室外钢结构防火涂料的技术性能应符合表 3-6 的规定。

室外钢结构防火涂料技术性能　　　　　　表 3-6

序号	检验项目	技术指标			缺陷分类
		WCB	WB	WH	
1	在容器中的状态	经搅拌后细腻状态，无结块	经搅拌后呈均匀液态或稠厚流体状态，无结块	经搅拌后呈稠厚流体状态，无结块	C
2	干燥时间（表干）(h)	≤8	≤12	≤24	C
3	外观与颜色	涂层干燥后，外观与颜色同样品相比应无明显差别	涂层干燥后，外观与颜色同样品相比应无明显差别	—	C

序号	检验项目		技术指标			缺陷分类
			WCB	WB	WH	
4	初期干燥抗裂性		不应出现裂纹	允许出现1~3条裂纹，其宽度应≤0.5mm	允许出现1~3条裂纹，其宽度应≤1mm	C
5	粘结强度（MPa）		≥0.20	≥0.15	≥0.04	B
6	抗压强度（MPa）		—	—	≥0.5	C
7	干密度（kg/m³）		—	—	≤650	C
8	耐曝热性（h）		≥720 涂层应无起层、脱落、空鼓、开裂现象	≥720 涂层应无起层、脱落、空鼓、开裂现象	≥720 涂层应无起层、脱落、空鼓、开裂现象	B
9	耐湿热性（h）		≥504 涂层应无起层、脱落现象	≥504 涂层应无起层、脱落现象	≥504 涂层应无起层、脱落现象	B
10	耐冻融循环性（次）		≥15 涂层应无开裂、脱落、起泡现象	≥15 涂层应无开裂、脱落、起泡现象	≥15 涂层应无开裂、脱落、起泡现象	B
11	耐酸性（h）		≥360 涂层应无开裂、脱落、开裂现象	≥360 涂层应无开裂、脱落、开裂现象	≥360 涂层应无开裂、脱落、开裂现象	B
12	耐碱性（h）		≥360 涂层应无开裂、脱落、开裂现象	≥360 涂层应无开裂、脱落、开裂现象	≥360 涂层应无开裂、脱落、开裂现象	B
13	耐盐雾腐蚀性（次）		≥30 涂层应无起泡，明显的变质、软化现象	≥30 涂层应无起泡，明显的变质、软化现象	≥30 涂层应无起泡，明显的变质、软化现象	B
14	耐火性能	涂层厚度（不大于）（mm）	2.00±0.20	5.0±0.5	25±2	A
		耐火极限（不低于）（h）（以 136b 或 140b 标准工字钢梁作基材）	1.0	1.0	2.0	

注：裸露钢梁耐火极限为 15min（136b、140b 验证数据），作为表中 0mm 涂层厚度耐火极限基础数据。耐久性项目（耐曝热性、耐湿性、耐冻融循环性、耐酸性、耐碱性、耐盐雾腐蚀性）的技术要求除表中规定外，还应满足附加耐火性能的要求，方能判定该对应项性能合格。耐酸性和耐碱性可仅进行其中一项测试。

要点 17：钢结构防火涂料的选择

钢结构防火涂料在工程中的实际应用涉及多方面的问题，对涂料品种的选用、产品质量和施工质量的控制都需加以重视。

目前市场上的钢结构防火涂料根据其技术特点和使用环境的不同，分为很多品种及型号，它们是分别按照不同的标准进行检测的。例如，用于室内的钢结构防火涂料，是按照室内钢结构防火涂料的技术标准进行检测的；用于室外的钢结构防火涂料，其耐久性以及耐候性方面的要求更高，需严格按照室外的钢结构防火涂料检验标准进行检验。如果将室内型钢结构防火涂料用到室外的环境中去，必然会导致防火涂料"失效"问题的发生。

另外，从钢构件在建筑中的使用部位来看，其承载形式及承载强度的差异，也必然导致对钢构件的耐火性能要求的不同。根据建筑物的使用特点及火灾发生时危险与危害程度的差异，我国建筑设计防火规范中对建筑内各部位构件的耐火极限要求也从 0.5～3.0h 不等。正是由于这些差异的存在，科学合理地选择防火涂料来对钢构件进行防火保护就显得至关重要了。因此，为了保障建筑物的防火安全，应以确保产品质量和施工质量为前提，不宜过分强调降低造价，否则将难以保证涂料的产品质量和涂层厚度，最终将影响对钢结构的防火保护。一般来说，选用钢结构防火涂料时须遵循如下几个基本原则。

（1）要求选用的钢结构防火涂料必须具有国家级检验中心出具的合格的检验报告，其质量应符合有关国家标准的规定。不要把饰面型防火涂料用于钢结构的防火保护上，因为它难以达到提高钢结构耐火极限的目的。

（2）应根据钢结构的类型特点、耐火极限要求和使用环境来选择符合性能要求的防火涂料产品。室内的隐蔽部位、高层全钢结构及多层钢结构厂房，不建议使用薄型和超薄型钢结构防火涂料。

1）根据建筑部位来选用防火涂料：建筑物中的隐蔽钢结构，对涂层的外观质量要求不高，应尽量采用厚型防火涂料。裸露的钢网架、钢屋架以及屋顶承重结构，由于对装饰效果要求较高并且规范规定的耐火极限要求在 1.5h 及以下时，可以优先选择超薄型钢结构防火涂料；但在耐火极限要求为 2.0h 以上时，应慎用超薄型钢结构防火涂料。

2）根据工程的重要性来选用防火涂料：对于重点工程如核能、电力、石化、化工等特殊行业的工程应主要以厚型钢结构防火涂料为主；对于民用工程如市场、办公室等工程可以主要采用薄型和超薄型钢结构防火涂料。

3）根据钢结构的耐火极限要求来选用防火涂料：耐火极限要求超过 2.5h 时，应选用厚型防火涂料；耐火极限要求为 1.5h 以下时，可选用超薄型钢结构防火涂料。

4）根据使用环境要求来选用防火涂料：露天钢结构要受到日晒雨淋的影响，高层建筑的顶层钢结构上部安装透光板或玻璃幕墙时，涂料也会受到阳光的曝晒，因而应用环境条件较为苛刻，此时应选用室外型钢结构防火涂料，不能把技术性能仅满足室内要求的涂料用于这些部位的钢构件的防火保护上。

要点 18：钢结构防火涂料施工要点

1. 通用要求

钢结构防火涂料作为初级产品，必须通过进入市场被选用，并通过施工人员将其涂装在钢构件表面且成型以后，才算是完成了钢结构防火涂料生产的全过程。防火涂料的施工过程即是它的二次生产过程，如果施工不当最终也会影响涂料工程的质量。

总体来说，钢结构防火喷涂施工已经成为一种新技术，从施工到验收都已经制订了严格的标准。根据国内外的成功经验来看，钢结构防火喷涂施工应由经过培训合格的专业单位进行组织，或者由专业技术人员在施工现场直接指导施工为好。

对于防火涂料的专业生产及施工单位还应注意以下几方面的问题。

（1）基材的前处理

在喷涂施工前需严格按照工艺要求进行构件的检查，清除尘埃、铁屑、铁锈、油脂以及其他各种妨碍黏附的物质，并做好基材的防锈处理。而且要在钢结构安装就位、与其相连的吊杆、马道、管架等相关联的构件也全部安装完毕并且验收合格以后，才能进行防火涂料的喷涂施工。若不按顺序提前施工，既会影响与钢结构相连的吊杆、马道、管架等构件的安装过程，又不便于钢结构工程的质量验收，而且施涂的防火涂层还会被损坏，留下缺陷，成为火灾中的薄弱环节，最终将影响钢结构的耐火极限。

（2）涂装工艺

施涂防火涂料应在室内装修之前和不被后续工程所损坏的条件下进行。既要求施涂时不能影响和损坏其他工程，又要求施涂的防火涂层不要被其他工程所污染和损坏。若在施工时与其他工程项目的施工同时进行，被破坏的现象就会较为严重，将造成大量材料的浪费。若室内钢构件在建筑物未做顶棚时就开始施工，遇上雨淋或长时间曝晒时，涂层将会剥落或被污染损坏，这样不仅浪费材料，而且还会给涂层留下缺陷，因此应在结构封顶后再进行涂料的施工。

实际上，不同厂家的防火涂料在其应用技术说明中都规定了施工工艺条件以及施工过程中和涂层干燥固化前的环境条件。例如，施工过程中和涂层干燥固化前的环境温度宜保持在 5～38℃，相对湿度不宜大于 90%，空气应流通。若温度太低或湿度太大，或风速较大，或雨天和构件表面有结露时都不宜作业。这些规定都是为了确保涂层质量而制订的，应严格执行。此外，还应强调的是在涂料施工过程中，必须在前一遍涂层基本干燥固化以后，再进行后一遍的施工。涂料的保护方式、施工遍数以及保护层厚度均应根据施工设计要求确定。一般来讲，每一遍的涂覆厚度应适中，不宜过厚，以免影响干燥后涂层的质量。

总之，为了保证涂层的防火性能，应严格按照涂装工艺要求进行施工，切忌为抢工期而给建筑留下安全隐患。

（3）涂层维护

钢结构防火保护涂层施工验收合格以后，还应注意维护管理，避免遭受其他操作或意外的冲击、磨损、雨淋、污染等损害，否则将会使局部或全部涂层形成缺陷从而降低涂层整体的性能。

2. 厚型钢结构防火涂料

（1）基层要求：清除铁锈、油污，保证涂料与基材的粘接良好，涂二道防锈漆。

（2）配料：按配方要求的比例进行配料并快速搅拌均匀。

（3）施工：施工现场的环境温度宜为 10～30℃。每次喷涂厚度不宜过厚，第一遍喷涂的厚度可以控制在 4～5mm，以后每遍的喷涂厚度可以控制在 9～10mm。前道涂层干燥后方可喷涂下一道涂层，直至喷涂到所要求的厚度为止。也可以采用抹涂法进行施工。

3. 薄型钢结构防火涂料

（1）基层要求：清除铁锈、油污，保证涂料与基材的粘接性。

（2）环境要求：施工环境温度要求为 5～40℃，相对湿度小于 90%。

（3）施工：施涂前，涂料应用手持式自动搅拌机搅拌均匀。若涂料分为多层，其施工顺序应为：喷涂底涂料→喷涂中涂料→刷涂面涂料。底层及中层涂料的施工喷涂采用自重式喷枪，用小型空压机气源喷涂施工，喷涂时将气泵压力调至 0.4～0.6MPa。注意喷涂涂料的稠度，以喷涂时不往下坠为宜。一般喷涂需分 3～5 次进行，每次喷涂厚度为 1～

2mm，待前遍涂层基本干燥后再喷下一遍。涂面层前应检查底层厚度是否符合要求，并在底层干燥以后进行。面层可以采用涂料喷枪进行喷涂或用毛刷进行刷涂，但无论是采用喷涂还是刷涂工艺，都要保持各部位的均匀一致，不得漏底。若涂料仅有一层，则应采用自重式喷枪分遍喷涂至要求的厚度，注意两道施工之间的时间间隔应能保证涂层很好的干燥。

4. 超薄型钢结构防火涂料

（1）基层要求：清除铁锈及油污，保证涂料与基材的粘结性。

（2）环境要求：施工环境温度为 10～30℃，相对湿度＜85％。

（3）施工：施涂前，涂料应用手持式自动搅拌机搅拌均匀。若涂料分为多层，其施工顺序应为：喷涂（刷涂）底涂料→喷涂中涂料→刷涂面涂料。并且应注意在底涂、中涂施工时，每道涂层的厚度应控制在 0.5mm 以下，前道涂层干燥后方可进行后道施工，直至涂到设计的厚度为止。若要求涂层表面平整，可对最后一道作压光处理。然后再进行面涂施工，面涂的施工采用羊毛辊刷或涂料刷子，涂刷二道。若涂料仅有一层，则应喷涂或刷涂至要求的厚度，注意两道施工之间的时间间隔应能保证涂层很好的干燥。

要点 19：钢结构防火涂料的施工验收

钢结构防火保护工程完工并且涂层完全干燥固化以后方能进行工程验收。

1. 厚型钢结构防火涂料

（1）涂层厚度符合设计要求。

（2）涂层应完整，不应有露底、漏涂。

（3）涂层不宜出现裂缝。如有个别裂缝，则每一构件上裂纹不应超过 3 条，其宽度应小于 1mm，长度应小于 1m。

（4）涂层与钢基材之间、各道涂层之间应粘接牢固，无空鼓、脱层和松散等现象存在。

（5）涂层表面应无突起。有外观要求的部位，母线不直度和失圆度允许偏差应不大于8mm。

2. 薄型钢结构防火涂料

（1）涂层厚度符合设计要求。

（2）涂层应完整，无漏涂、脱粉、明显裂缝等缺陷。如有个别裂缝，则每一构件上裂纹不应超过 3 条，其宽度应不大于 0.5mm。

（3）涂层与钢基材之间以及各道涂层之间应粘接牢固，无脱层、空鼓等现象。

（4）颜色与外观应符合设计规定，轮廓清晰、接搓平整。

3. 超薄型钢结构防火涂料

（1）涂层厚度符合设计要求。

（2）涂层应完整，无漏涂，无脱粉，无龟裂。

（3）涂层与钢结构之间、各涂层之间应粘接牢固，无脱层、无空鼓。

（4）颜色与外观应符合设计规定，涂层平整，有一定的装饰效果。

第四节　混凝土结构防火涂料

要点 20：混凝土结构防火涂料的定义

混凝土结构防火涂料是指涂覆在石油化工储罐区防火堤等建（构）筑物和内和公路、铁路、城市交通隧道混凝土表面，能形成耐火隔热保护层以提高其结构耐火极限的防火涂料。

要点 21：混凝土结构防火涂料的分类

混凝土结构防火涂料按使用场所不同分为防火堤防火涂料和隧道防火涂料。
（1）防火堤防火涂料（DH）：用于石油化工储罐区防火堤混凝土表面的防护。
（2）隧道防火涂料（SH）：用于公路、铁路、城市交通隧道混凝土结构表面的防护。

要点 22：混凝土结构防火涂料的一般要求

（1）涂料中不应掺加石棉等对人体有害的物质。
（2）涂料可用喷涂、抹涂、辊涂、刮涂和刷涂等方法中任何一种或多种方法施工，并能在自然环境条件下干燥固化。
（3）涂层实干后不应有刺激性气味。

要点 23：混凝土结构防火涂料的技术要求

（1）防火堤防火涂料的技术要求应符合表 3-7 的规定。

防火堤防火涂料的技术要求　　　　　　　　　　　　　　　　表 3-7

序号	检验项目	技术指标	缺陷分类
1	在容器中的状态	经搅拌后呈均匀稠厚流体，无结块	C
2	干燥时间（表干）(h)	≤24	C
3	粘结强度（MPa）	≥0.15（冻融前）	A
		≥0.15（冻融后）	
4	抗压（MPa）	≥1.50（冻融前）	B
		≥1.50（冻融后）	
5	干密度（kg/m³）	≤700	C
6	耐水性（h）	≥720，试验后，涂层不开裂、起层、脱落，允许轻微发胀和变色	A
7	耐酸性（h）	≥360，试验后，涂层不开裂、起层、脱落，允许轻微发胀和变色	B
8	耐碱性（h）	≥360，试验后，涂层不开裂、起层、脱落，允许轻微发胀和变色	B
9	耐曝热性（h）	≥720，试验后，涂层不开裂、起层、脱落，允许轻微发胀和变色	B

序号	检验项目	技术指标	缺陷分类
10	耐湿热性（h）	≥720，试验后，涂层不开裂、起层、脱落，允许轻微发胀和变色	B
11	耐冻融循环试验（次）	≥15，试验后，涂层不开裂、起层、脱落，允许轻微发胀和变色	B
12	耐盐雾腐蚀性（次）	≥30，试验后，涂层不开裂、起层、脱落，允许轻微发胀和变色	B
13	产烟毒性	不低于《材料产烟毒性危险分级》（GB/T 20285—2006）规定材料产烟毒性危险分级 ZA₁ 级	B
14	耐火性能（h）	≥2.00（标准升温） ≥2.00（HC升温） ≥2.00（石油化工升温）	A

注：1. A 为致命缺陷，B 为严重缺陷，C 为轻缺陷。
　　2. 型式检验时，可选择一种升温条件进行耐火性能的检验和判定。

（2）隧道防火涂料的技术要求应符合表 3-8 的规定。

隧道防火涂料的技术要求　　　　　　　　　　　　　表 3-8

序号	检验项目	技术指标	缺陷分类
1	在容器中的状态	经搅拌后呈均匀稠厚流体，无结块	C
2	干燥时间（表干）（h）	≤24	C
3	粘结强度（MPa）	≥0.15（冻融前） ≥0.15（冻融后）	A
4	干密度（kg/m³）	≤700	C
5	耐水性（h）	≥720，试验后，涂层不开裂、起层、脱落，允许轻微发胀和变色	A
6	耐酸性（h）	≥360，试验后，涂层不开裂、起层、脱落，允许轻微发胀和变色	B
7	耐碱性（h）	≥360，试验后，涂层不开裂、起层、脱落，允许轻微发胀和变色	B
8	耐湿热性（h）	≥720，试验后，涂层不开裂、起层、脱落，允许轻微发胀和变色	B
9	耐冻融循环试验（次）	≥15，试验后，涂层不开裂、起层、脱落，允许轻微发胀和变色	B
10	产烟毒性	不低于《材料产烟毒性危险分级》（GB/T 20285—2006）规定材料产烟毒性危险分级 ZA₁ 级	B
11	耐火性能（h）	≥2.00（标准升温） ≥2.00（HC升温） 升温≥1.50，降温≥1.83（RABT升温）	A

注：1. A 为致命缺陷，B 为严重缺陷，C 为轻缺陷。
　　2. 型式检验时，可选择一种升温条件进行耐火性能的检验和判定。

要点 24：混凝土结构防火涂料的施工要点

混凝土构件防火涂料的一般施工要求如下：

（1）根据建筑物的耐火等级、混凝土结构构件需要达到的耐火极限要求和外观装饰性要求，来选用适宜的防火涂料，确定防火涂层的厚度与外观颜色。

（2）应在混凝土结构构件吊装就位，缝隙用水泥砂浆填补抹平，经验收合格并在防水工程完工之后，再对混凝土构件进行防火保护施工。

（3）施工应在建筑物内装修之前和不被后续工序所损坏的条件下进行。对不需作防火保护的门窗、墙面及其他物件，应进行遮挡保护。

（4）施工过程中和涂层干燥固化前，环境温度宜保持在 5～38℃（以 10℃以上为佳），相对湿度小于 90％，风速不应大于 5m/s。

具体操作如下：

（1）喷涂前，应将防火涂料按照产品说明书的要求调配并搅拌均匀，使涂料的黏度和稠度适宜，颜色均匀一致。

（2）采用喷涂工艺进行施工。可用压挤式灰浆泵、口径为 2～8mm 的斗式喷枪进行喷涂，调整气泵的压力为 0.4～0.6MPa，喷嘴与待喷面的距离约为 50cm。

（3）喷涂宜分遍成活。喷涂底层涂料时，每遍喷涂的厚度宜为 1.5～2.5mm，喷涂 1～2 遍。喷涂中间层涂料时，必须在前一遍涂层基本干燥后再进行下一遍喷涂。喷涂面层涂料时，应在中间层涂料的厚度达到设计要求并基本干燥后进行，并应全部覆盖住中间层涂料。若涂料为单一配方，则应分遍喷涂至规定的厚度，喷涂第一遍涂料时基本盖底即可，待涂层表干后再喷第二遍。所得涂层要均匀，外观应美观。

（4）在室内混凝土结构上喷涂时，喷涂后可用抹子抹平或用花辊子辊平，也可在涂层表面使用不影响涂料粘接性能的其他装饰材料。

要点 25：混凝土结构防火涂料的施工验收

混凝土结构防火保护工程施工完毕，并且涂层完全干燥固化后方能进行工程验收。验收要求一般为：

（1）涂层厚度达到防火设计要求规定的厚度。

（2）涂层完整，不出现露底、漏涂和明显的裂纹。

（3）涂层与混凝土结构之间、各层涂料之间应粘接牢固，没有空鼓、脱层和松散现象存在。

（4）涂层基本平整，无明显突起，颜色均匀一致。

第五节　电缆防火涂料

要点 26：电缆防火涂料的定义

电缆防火涂料是指涂覆于电缆（如以橡胶、聚乙烯、聚氯乙烯、交联聚乙烯等材料作为导体绝缘和护套的电缆）表面，具有防火阻燃保护及一定装饰作用的防火涂料。

要点 27：电缆防火涂料的一般要求

（1）电缆防火涂料的颜色执行《漆膜颜色标准》（GB/T 3181—2008）的规定，也可按用户要求协商确定。

（2）电缆防火涂料可采用刷涂或喷涂方法施工。在通常自然环境条件下干燥、固化成膜后，涂层表面应无明显凹凸。涂层实干后，应无刺激性气味。

要点 28：电缆防火涂料的技术要求

电缆防火涂料各项技术性能指标应符合表 3-9 的规定。

电缆防火涂料技术性能指标　　　　　　　　　　　　　　表 3-9

序号	项目		技术性能指标	缺陷类别
1	在容器的状态		无结块，搅拌后呈均匀状态	C
2	细度（μm）		≤90	C
3	黏度（s）		≥70	C
4	干燥时间	表干（h）	≤5	C
		实干（h）	≤24	
5	耐油性（d）		浸泡 7d，涂层无起皱、无剥落、无起泡	B
6	耐盐水性（d）		浸泡 7d，涂层无起皱、无剥落、无起泡	B
7	耐湿热性（d）		经过 7d 试验，涂层无起皱、无剥落、无起泡	B
8	耐冻融循环（次）		经 15 次循环，涂层无起皱、无剥落、无起泡	B
9	抗弯性		涂层无起层、无脱落、无剥落	A
10	阻燃性（m）		炭化高度≤2.50	A

注：A 为致命缺陷，B 为严重缺陷，C 为轻缺陷。

要点 29：电缆防火涂料的施工要点

电缆基材的处理主要是清除电缆表面的污垢。一般使用手工方法清除，擦去电缆表面的灰尘、油污等影响黏附的杂质，此外涂料施工前应保持电缆表面的干燥。

电缆防火涂料的使用方法以及应用范围应根据不同的情况分别处理。电缆沟、电缆隧道中的电缆，视电缆敷设的多少进行涂刷，不需要从头至尾全部涂刷。一般每隔10～15m 涂刷 2～3m 即可，电缆转弯处和接头处应重点保护。竖井中的电缆，涂刷的间距要适当减小，涂刷的长度和厚度均应适当增加。控制室下面的夹层间，由于电缆密集程度很高，敷设纵横交错，又不便安装防火墙，火灾的危险性更大，因而以整根电缆全部涂刷为好。

电缆防火涂料的施工应在通风、干燥的环境中进行。施工前，应先将涂料充分搅拌均匀，若涂料太稠可先稀释再使用。将电缆表面的灰尘、杂物等清除干净后，采用刷涂或喷涂等方式进行施工。次涂刷的厚度以 0.2mm 左右为宜，一般涂刷 5～6 遍，使涂层厚度达到 1～1.5mm 即可，两次涂刷之间的时间间隔至少在 8h 以上。细小且紧靠在一起的成束电缆，视同单根电缆一样进行涂刷，并使涂料自然渗透填充到其缝隙中。重叠敷设的电缆，重叠的层数越多，所需涂刷的涂层厚度就越厚。只有当涂刷至规定的厚度时，才能确保涂料的防火保护效果。在涂料的整个施工过程中禁止烟火，涂料未实干以前避免与明火接触，溶剂型电缆防火涂料施工时更要注意防火安全。室外施工时应避免雨淋破坏。

第六节　防火涂料在建筑中的应用

要点 30：饰面型防火涂料的现状及应用

　　饰面型防火涂料目前主要应用于木制装饰和木制家具的表面上，而就装修工程而言，人们希望所装修的物体在安全的基础上，也应体现美观的特征。目前国内市场上销售的饰面防火涂料，基本上是非透明型的，即一旦涂上防火涂料后，被涂物体的原有色泽和花纹将无法显现。这显然不是装修设计者和使用者的本意。为此开发透明型的饰面防火涂料是这类涂料发展的方向。这种透明的防火涂层既可防火又使物体表面美观有光泽。它们可用于各种实木、胶合板、木屑板、三聚层饰面板上。这种涂料还应在涂刷时，无需去除板面上已有油漆或其他装饰面层。透明防火涂料刷后的表面应能经受各种清洗。

要点 31：住宅钢结构防火涂料的现状及应用

　　钢结构建筑是现代建筑的重要标志，具有强度高、自重轻、抗震性能好、施工速度快、建筑工业化程度高等诸多优点。近几年，我国钢结构建筑得到迅速的发展，特别是钢结构住宅建筑。它已被住房城乡建设部列为重点科技开发项目，而且全国各地也已开展了一些相应的试验研究并建造了一些试点工程。由于钢结构住宅符合国家的可持续发展战略，符合住宅产业化的发展方向，必将在近年内迅速崛起而成为使用功能好、施工速度快、有市场竞争力的新型工业化建筑体系。与之配套的住宅钢结构防火保护方式也应受到重视，目前考虑较多的仍是应用钢结构防火涂料。

　　但作为住宅钢结构使用的防火涂料与普通建筑用的钢结构防火涂料是有差别的，它至少应满足以下几点基本要求：

1. 绝热性能好、耐火极限高

　　这是由于钢结构住宅中的钢梁、钢柱的防火性能要求都相对较高。

2. 环保性能好

　　钢结构住宅用的防火涂料在施工过程中和使用过程中以及在火灾发生时均不应产生有害气体，不危害人体健康。这是因为已有统计资料表明，火灾中的烟气危害是火灾致死的主要原因。而且，在日常情况下室内空气污染也已成为当今世界危害公众健康的五大环境因素之一。

3. 粘接强度高、抗裂性能好

　　钢结构住宅用的防火涂料具有一定的强度，能牢固地附着在钢构件上。在施工和使用过程中以及火灾发生时，涂层不开裂、不脱落。施工时还可直接在防火涂层上刮腻子，达到初装修的标准。

　　总体来说，用于住宅钢结构的防火涂料既要性能可靠，又要经济合理。因此，现有的防火涂料难以满足钢结构住宅建筑的特定要求，有必要研究开发钢结构住宅专用的防火涂料。

要点 32：隧道防火涂料的应用

隧道防火涂料，在现场搅拌均匀使用。它是由高效隔热骨料（如玻璃纤维、氢氧化铝）、粘结剂（硅酸盐）、轻质材料（如膨胀蛭石、膨胀珍珠岩、三硅酸镁等）和化学助剂搅拌混合而成，具有容重轻、热导率低、阻燃隔热效果显著、无味无毒、耐水等优点。有良好的耐候性和耐水性，施工方便，属于非膨胀型防火涂料。该类涂料主要适用公路隧道、铁路隧道的防火，还适用石化工程、高层建筑、地下车库的预应力混凝土楼板的防火需要。也可喷涂钢筋混凝土楼板、梁等，起防火隔热保护作用，还可用于提高普通混凝土结构的耐火隔热性能。

混凝土表面碱性均很强，且吸水率高，为避免影响涂层的粘结，在施工前必须进行表面处理。钢筋混凝土基层在施工前应尽量干燥，含水率一般应小于 8%，pH 值应小于 8，一般干燥 30～60d 后进行施工。施工前对混凝土表面的尘土、浮粉、污物应彻底清除清洁，混凝土表面要打磨平整，对表面的蜂窝、麻面应修补，做到表面平整，立面垂直。

该隧道防火涂料应在 0℃ 以上施工，15～30℃ 效果更佳，由于防火涂料固体含量较大，较易沉淀，使用前应充分搅匀，如防火涂料太稠，可在涂料中加入适量的水进行稀释，调整到规定的施工黏度域便于施工，黏度调整到施工时不发生流淌和下坠现象为宜，一般一次喷 6mm，每隔 8h 喷涂一次，涂后一道涂料时，必须在前一道干燥后。由于该防火涂料一般较粗糙，宜采用压送式重力式（或喷斗式）喷枪喷涂机喷涂，空气压力 0.4～0.6MPa，喷枪口直径宜为 6～10mm。为使喷涂后的涂层均匀平整，最后一道施工应采用抹涂工艺。局部修补和小面积施工，可用喷涂、刮涂或抹涂。喷涂施工用具应及时用水清洗干净。喷涂后的涂层应均匀平整、粘结牢、无开裂、无空鼓和脱落。

该防火涂料贮运与普通水性涂料相同，有效贮存期为：在 5～35℃ 的环境下贮存一年，贮、运时严禁日晒雨淋。

要点 33：电缆防火涂料的现状及应用

从 20 世纪 80 年代到 90 年代，我国电缆防火涂料的研制开发和推广应用都取得了长足的发展，但从多年来的应用情况来看，还存在着一些缺陷有待改进。例如，由于电线电缆的弯曲性大，实际使用过程中还需要维护、移动，需要涂料具有较好的抗弯性能，但现有涂料的抗弯性往往不够好；涂料固化后的挠曲性也较差，只能适用于固定架设的电缆；涂料易开裂、剥落；涂料的耐水、耐寒、耐油等性能还不够理想。

一般来说，溶剂型电缆防火涂料的理化性能及耐候性能均优于水性电缆防火涂料，并且涂料的装饰性更好、与基材的附着力更高，所以目前我国应用的电缆防火涂料主要以溶剂型为主。

与溶剂型电缆防火涂料相比，水性膨胀型电缆防火涂料具有如下优点：

（1）克服了溶剂型防火涂料价格高，毒性大，运输、贮存和使用不安全的缺点，有利于环境保护和生产、施工的安全，有利于生产和施工人员的健康保护；

（2）水性涂料的生产工艺简单，材料来源广泛，成本明显低于溶剂型防火涂料；

（3）水性涂料中一般不含卤素及其他有毒成分，排除了在火灾中由涂料中的卤素引起的毒性问题，使消防人员进入火场时受到的毒性侵害减小，有利于逃生和救援；

（4）水性涂料的装饰性能好，可以调配成各种颜色，具有装饰涂料的特性，其实用性要优于溶剂型涂料。

目前，水性电缆防火涂料的耐火性能都能达到要求的指标，需要解决的问题是提高其理化性能，尤其是抗弯性能。

因此，从环保以及应用安全的角度讲，今后应着重开发研制对电缆外皮有良好附着力、柔韧性好、抗弯曲、无毒、理化性能好、耐候性能优良和阻燃性能高的水性电缆防火涂料。其研究的主要方向是：

（1）研制新型黏结剂，以开发出相应的水性树脂，通过树脂的拼合改性来完善涂料的防火性能和各种理化性能；

（2）研制新的阻燃剂，开发多效、高效、低水溶性的脱水成碳催化剂和发泡剂；

（3）研究多种阻燃剂的协同作用，进行合理搭配，以提高阻燃效果；

（4）研究非膨胀型防火涂料和膨胀型防火涂料的结合应用，使涂层在高温火焰的作用下能形成低膨胀倍率的高强度碳化层；

（5）研究将有机阻燃剂和无机阻燃剂在一定的工艺条件下复合成为有机—无机复合阻燃剂，以充分发挥有机材料和无机材料各自的优点，消除它们的不足之处。

此外，为了防止电缆火灾的发生、发展以及减少经济损失和人员伤亡，人们对研究开发电缆的防火保护技术给予了高度的重视。20多年来陆续出现了阻燃电缆、耐火电缆、阻燃包带、电缆槽盒、电缆桥架、耐火隔板等多种电缆防火保护产品，正确地选择这些防火产品，并将其与防火封堵材料有机地结合起来必将能够有效地抑制电缆火灾的发生。

第四章 建筑防火玻璃及应用

第一节 防火玻璃的分类

要点1：防火玻璃按结构分类

防火玻璃按结构不同可分为复合防火玻璃和单片防火玻璃。

（1）复合防火玻璃（FFB）：由两层或两层以上玻璃复合而成或由一层玻璃和有机材料复合而成，并满足相应耐火性能要求的特种玻璃。复合防火玻璃适用于建筑物房间、走廊、通道的防火门窗及防火分区和重要部位防火隔断墙。

（2）单片防火玻璃（DFB）：由单层玻璃构成，并满足相应耐火性能要求的特种玻璃。单片防火玻璃适用于外幕墙、室外窗、采光顶、挡烟垂壁以及无隔热要求的隔断墙。

要点2：防火玻璃按耐火性能分类

防火玻璃按耐火性能不同可分为隔热型防火玻璃（A类）和非隔热型防火玻璃（C类）。

（1）隔热型防火玻璃（A类）：耐火性能同时满足耐火完整性、耐火隔热性要求的防火玻璃。

（2）非隔热型防火玻璃（C类）：耐火性能仅满足耐火完整性要求的防火玻璃。

要点3：防火玻璃按耐火极限分类

防火玻璃按耐火极限可分为五个等级：0.50h、1.00h、1.50h、2.00h、3.00h。

第二节 防火玻璃的技术要求

要点4：防火玻璃的尺寸、厚度允许偏差

防火玻璃的尺寸、厚度允许偏差应符合表4-1和表4-2的规定。

复合防火玻璃的尺寸、厚度允许偏差（mm） 表 4-1

玻璃的公称厚度 d	长度或宽度（L）允许偏差		厚度允许偏差
	$L \leqslant 1200$	$1200 < L \leqslant 2400$	
$5 \leqslant d < 11$	±2	±3	±1.0
$11 \leqslant d < 17$	±3	±4	±1.0
$17 \leqslant d < 24$	±4	±5	±1.3
$24 \leqslant d < 35$	±5	±6	±1.5
$d \geqslant 35$	±5	±6	±2.0

注：当 L 大于 2400mm 时，尺寸允许偏差由供需双方商定。

单片防火玻璃尺寸、厚度允许偏差（mm） 表 4-2

玻璃公称厚度	长度或宽度（L）允许偏差			厚度允许偏差
	$L \leqslant 1000$	$1000 < L \leqslant 2000$	$L > 2000$	
5	+1			±0.2
6	−2	±3	±4	
8	+2			±0.3
10				
12	−3			±0.3
15	±4	±4		±0.5
19	±5	±5	±6	±0.7

要点 5：防火玻璃的外观质量

防火玻璃的外观质量应符合表 4-3 和表 4-4 的规定。

复合防火玻璃的外观质量 表 4-3

缺陷名称	要 求
气泡	直径 300mm 圆内允许长 0.5～1.0mm 的气泡 1 个
胶合层杂质	直径 500mm 圆内允许长 2.0mm 以下的杂质 2 个
划伤	宽度≤0.1mm，长度≤50mm 的轻微划伤，每平方米面积内不超过 4 条
	0.1mm<宽度<0.5mm，长度≤50mm 的轻微划伤，每平方米面积内不超过 1 条
爆边	每米边长允许有长度不超过 20mm、自边部向玻璃表面延伸深度不超过厚度一半的爆边 4 个
叠差、裂纹、脱胶	脱胶、裂纹不允许存在；总叠差不应大于 3mm

注：复合防火玻璃周边 15mm 范围内的气泡、胶合层杂质不作要求。

单片防火玻璃的外观质量 表 4-4

缺陷名称	要 求
爆边	不允许存在
划伤	宽度≤0.1mm，长度≤50mm 的轻微划伤，每平方米面积内不超过 2 条
	0.1mm<宽度<0.5mm，长度≤50mm 的轻微划伤，每平方米面积内不超过 1 条
结石、裂纹、缺角	不允许存在

要点 6：防火玻璃的耐火性能

隔热型防火玻璃（A 类）和非隔热型防火玻璃（C 类）的耐火性能应满足表 4-5 的要求。

防火玻璃的耐火性能   表 4-5

分类名称	耐火极限等级	耐火性能要求
隔热型防火玻璃（A 类）	3.00h	耐火隔热性时间≥3.00h，且耐火完整性时间≥3.00h
	2.00h	耐火隔热性时间≥2.00h，且耐火完整性时间≥2.00h
	1.50h	耐火隔热性时间≥1.50h，且耐火完整性时间≥1.50h
	1.00h	耐火隔热性时间≥1.00h，且耐火完整性时间≥1.00h
	0.50h	耐火隔热性时间≥0.50h，且耐火完整性时间≥0.50h
非隔热型防火玻璃（C 类）	3.00h	耐火完整性时间≥3.00h，耐火隔热性无要求
	2.00h	耐火完整性时间≥2.00h，耐火隔热性无要求
	1.50h	耐火完整性时间≥1.50h，耐火隔热性无要求
	1.00h	耐火完整性时间≥1.00h，耐火隔热性无要求
	0.50h	耐火完整性时间≥0.50h，耐火隔热性无要求

要点 7：防火玻璃的弯曲度

防火玻璃的弓形弯曲度不应超过 0.3%，波形弯曲度不应超过 0.2%。

要点 8：防火玻璃的可见光透射比

防火玻璃的可见光透射比应符合表 4-6 的规定。

防火玻璃的可见光透射比   表 4-6

项目	允许偏差最大值（明示标称值）	允许偏差最大值（未明示标称值）
可见光透射比	±3%	≤5%

要点 9：防火玻璃的耐紫外线辐照性

当复合防火玻璃使用在有建筑采光要求的场合时，应进行耐紫外线辐照性能测试。

复合防火玻璃试样试验后试样不应产生显著变色、气泡及浑浊现象，且试验前后可见光透射比相对变化率 ΔT 应不大于 10%。

要点 10：防火玻璃的抗冲击性能

进行抗冲击性能检验时，如样品破坏不超过一块，则该项目合格；如三块或三块以上样品破坏，则该项目不合格；如果有二块样品破坏，可另取六块备用样品重新试验，如仍出现样品破坏，则该项目不合格。

单片防火玻璃不破坏是指试验后不破碎；复合防火玻璃不破坏是指试验后玻璃满足下述条件之一：

（1）玻璃不破碎。

（2）玻璃破碎但钢球未穿透试样。

第三节　防火玻璃在建筑中的应用

要点 11：单片防火玻璃的应用

单片防火玻璃是一种单层玻璃构造的防火玻璃。在一定的时间内保持耐火完整性、阻断迎火面的明火及有毒、有害气体，但不具备隔温绝热功效。适用于外幕墙、室外窗、采光顶、挡烟垂壁、防火玻璃无框门，以及无隔热要求的隔断墙。

自国内单片防火玻璃批量生产以来，防火玻璃得到了更加广泛的应用，但使用时有几点必须注意：

（1）选用防火玻璃前，要先清楚由防火玻璃组成的防火构件的消防具体要求，是防火、隔热还是隔烟，耐火极限要求等。

（2）单片和复合灌注型防火玻璃不能像普通平板玻璃那样用玻璃刀切割，必须定尺加工，但复合型（干法）防火玻璃可以达到可切割的要求。

（3）选用防火玻璃组成防火构件时，除考虑玻璃的防火耐久性能外，其支承结构和各元素也必须满足耐火的需要。

要点 12：复合防火玻璃的应用

（1）复合型防火玻璃具有透明性，能阻挡和控制热辐射、烟雾和火焰，防止火势蔓延。发生火灾时，大多装饰材料接触防火玻璃背面也不会发生燃烧，因为背面温度低于许多物质的燃烧点，在规定的耐火实验中能够保持其完整性和隔热性。

（2）当防火玻璃应用于防火部位时，能够成为火焰的屏障，能够经受 1.5h 左右的耐火时间。这种防火玻璃与单片玻璃相比能有效地限制玻璃表面的热传递，并且在受热后变成不透明，使逃生人员在着火时看不到火焰或感觉不到温度的升高及热浪，避免了撤离现场时人员的惊慌、拥挤、踩踏所造成的伤亡。

（3）复合防火玻璃还具有一定的抗热抗冲击强度，在室温达到1000℃以上，复合型防火玻璃仍具有完整性和保护作用，它还有极高的隔热性，为什么在神五、神六的观察窗使用复合型防火玻璃而不用单片防火玻璃呢？因为单片防火玻璃有极高的隔阻性，而阻热效果差。在飞船回收时，观察的保护罩与大气摩擦时，表面温度可达1600℃以上，所用防火玻璃一定要有极强的隔热效果才能使舱内温度不升高，满足舱内设计温度，所以在神五、神六使用复合型防火玻璃而不用单片防火玻璃。

（4）复合防火玻璃是在两块玻璃之间凝聚一种透明而具有阻燃性能的凝胶，这种凝胶遇到高温时发生分解吸热反应，能吸收大量的热能，而变成不透明，有良好的防火作用。它能保持一定时间内不炸裂，近火面炸裂后碎片不脱落，可隔断火源，防止火焰蔓延，如果向凝胶中加入溴化物，防火玻璃在高温下会放出阻燃气体，就会起到自动阻燃和灭火功能。如果在防火胶层中嵌入传感器与喷淋器相连就可自动报警与灭火。

（5）复合防火玻璃主要用于有防火要求的公用与民用建筑。如宾馆、影院、机场、展览馆、医院、图书馆、博物院、大型商场的楼梯、隔断、防火墙及防火门等，但复合防火玻璃不能用于外墙及长期阳光暴晒的地方。

第五章 建筑防火封堵材料及应用

第一节 有机防火堵料

要点 1：有机防火堵料的定义

有机防火堵料是以有机树脂为粘结剂，再添加防火剂、填料等原料经碾压而成的。有机防火堵料除了具有优异的耐火性能以外，还具有优异的理化性能，并且可塑性好，长久不固化，能够重复使用。在高温或火焰的作用下它能够迅速膨胀凝结为坚硬的固体，即使完全碳化后也能保持外形不变。由于有机防火堵料受热后会发生膨胀以有效地堵塞洞口，因此封堵时可以留有一定的缝隙而不必完全封堵得很严密，这样有利于电缆等贯穿物的散热。

有机防火堵料已经广泛应用于发电厂、变电所、供电隧道、冶金、石油、化工、民用建筑等各类建筑工程中的贯穿孔洞的防火封堵。但在多根电缆集束敷设和层状敷设的场合，这种堵料很难完全堵塞住电缆贯穿部分的孔隙，需与无机防火堵料配合使用。

要点 2：有机防火堵料的防火机理

有机防火堵料在高温和火焰的作用下首先会发生体积膨胀而后固化，形成一层坚硬致密的釉状保护层。由于堵料的体积膨胀和釉状层的形成过程都是吸热反应过程，因而可以消耗大量的热量，有利于整个体系温度的降低。膨胀所形成的釉状保护层具有较好的隔热性能，可以起到良好的阻火、堵烟和隔热的作用。

要点 3：有机防火堵料的技术指标

有机防火堵料的技术指标要求见表 5-1。

有机防火堵料的技术指标 表 5-1

项目	技术指标
外观	胶泥状物体
表观密度（kg/m³）	$\leqslant 2.0 \times 10^3$
腐蚀性（d）	$\geqslant 7$，不应出现锈蚀、腐蚀现象
耐水性（d）	$\geqslant 3$，不溶胀、不开裂

项目		技术指标
耐油性（d）		≥3，不溶胀、不开裂
耐湿热性（h）		≥120，不开裂、不粉化
耐冻融循环（次）		≥15，不开裂、不粉化
耐火性能	1h	耐火隔热性时间≥1.00h，且耐火完整性时间≥1.00h
	2h	耐火隔热性时间≥2.00h，且耐火完整性时间≥2.00h
	3h	耐火隔热性时间≥3.00h，且耐火完整性时间≥3.00h

要点4：有机防火堵料的施工工艺

有机防火堵料进行孔洞封堵时的应用工艺如下：

（1）施工前，首先清除干净电缆表面的尘土和油污。当使用溶剂清除油污时，应注意工程现场的防火安全。

（2）将电缆束穿过孔洞，用堵料均匀地分隔并粘贴电缆，然后用堵料填塞电缆之间、电缆与墙壁之间的孔隙。堵料的填塞厚度应与孔洞的深度一致。

（3）当气温过低，堵料较硬不便施工时，可事先将堵料置于20℃左右的室内预热或适当拉伸捏揉，待堵料变软后再进行施工。

（4）在封堵通风管道穿过墙壁留下的孔洞时，先将堵料铺贴于通风管道连接处的密封表面，然后再连接通风管道完成装配。

第二节　无机防火堵料

要点5：无机防火堵料的定义

无机防火堵料，又称速固型防火堵料或防火封灌料。通常以快干水泥为基料，再添加防火剂、耐火材料等原料经研磨、混合而制成，使用时在现场加水调制。该类堵料不仅能达到所需的耐火极限，而且还具有相当高的机械强度，与楼层水泥板的硬度相差无几。无机防火堵料的防火效果显著，灌注方便，在常温下即可迅速固化，从而有效地填塞各种孔隙，而且使用寿命较长。它对管道或电线电缆的贯穿孔洞，尤其是较大的孔洞、楼层间孔洞的封堵效果较好，还特别适用于细小孔隙的防火封堵。

目前，无机防火堵料已广泛应用于电气、仪表、电子、通信、建筑等诸多领域中。

要点6：无机防火堵料的防火机理

无机防火堵料属于不燃性材料，在高温和火焰的作用下，可以形成一层坚硬致密的保护层，但堵料的体积基本上不发生变化。该保护层的热导率较低，具有良好的防火隔热作用。另外，堵料中的某些组分遇到火的作用时产生（或通过相互反应生成）不燃性气体的吸热反应过程，还可以降低整个体系的温度。由于无机防火堵料的防火隔热效果显著，能封堵各种开口、孔洞和缝隙，阻止火焰和有毒气体以及浓烟的扩散，因而具有很好的防火密封效果。

要点 7：无机防火堵料的技术指标

无机防火堵料的技术指标要求见表 5-2。

无机防火堵料的技术指标 表 5-2

项目		技术指标
外观		粉末状固体，无结块
表观密度（kg/m³）		$\leqslant 2.0 \times 10^3$
初凝时间（min）		$10 \leqslant t \leqslant 45$
抗压强度（MPa）		$0.8 \leqslant R \leqslant 6.5$
腐蚀性（d）		$\geqslant 7$，不应出现锈蚀、腐蚀现象
耐水性（d）		$\geqslant 3$，不溶胀、不开裂
耐油性（d）		$\geqslant 3$，不溶胀、不开裂
耐湿热性（h）		$\geqslant 120$，不开裂、不粉化
耐冻融循环（次）		$\geqslant 15$，不开裂、不粉化
耐火性能	1h	耐火隔热性时间$\geqslant 1.00$h，且耐火完整性时间$\geqslant 1.00$h
	2h	耐火隔热性时间$\geqslant 2.00$h，且耐火完整性时间$\geqslant 2.00$h
	3h	耐火隔热性时间$\geqslant 3.00$h，且耐火完整性时间$\geqslant 3.00$h

要点 8：无机防火堵料的施工工艺

无机防火堵料进行孔洞封堵时的应用工艺如下：

（1）施工前，应根据孔洞的大小估算堵料的用量（每千克堵料可封堵体积大小约为 $650cm^2$ 的孔洞）。

（2）为了便于施工，可用托架及托板将电缆通道分隔好，并清除掉电缆表面的杂质和油污。

（3）按比例将定量的水倒入搅拌机中，在搅拌的情况下缓慢地加入堵料，待搅拌成均匀的堵料浆后立即使用。配好的料浆应尽快用完，以免固化（一般 1kg 堵料需加 0.5～0.6kg 水）。

（4）将配好的料浆注入托架、托板组成的间隙中，以便封堵住电缆孔洞。

（5）封堵较大的孔洞时，可加适量的钢筋以提高堵料层的强度。

第三节 阻 火 包

要点 9：阻火包的定义

阻火包的外包装通常为玻璃纤维布或经过阻燃处理的织物，内部填充在受到高温或火焰作用时能够发生化学反应迅速膨胀的复合粉状或粒状材料。包内的填充材料大多是以水性黏结剂（如聚乙烯醇改性丙烯酸乳液和苯乙烯—丙烯酸复合型乳液等）作为基料，并添加防火阻燃剂、耐火材料、膨胀轻质材料等各种原材料，经研磨、混合均匀而制成的。该产品安装施工方便，可重复拆卸使用，对环境及人体无毒无害，遇火膨胀后具有良好的阻火隔烟性能。

要点 10：阻火包的防火机理

在遇到火焰或高温的作用时，阻火包内的填充物迅速膨胀发泡，形成蜂窝状的保护层，具有很好的防火隔热效果，用于封堵各种开口、孔洞及缝隙时，能极为有效地将火灾控制在局部范围之内。

要点 11：阻火包的技术指标

阻火包的技术指标要求见表 5-3。

阻火包的技术指标 表 5-3

项目		技术指标
外观		包体完整，无破损
表观密度（kg/m³）		$\leqslant 1.2 \times 10^3$
抗跌落性		包体无破损
耐水性（d）		$\geqslant 3$，内装材料无明显变化，包体完整，无破损
耐油性（d）		$\geqslant 3$，内装材料无明显变化，包体完整，无破损
耐湿热性（h）		$\geqslant 120$，内装材料无明显变化
耐冻融循环（次）		$\geqslant 15$，内装材料无明显变化
膨胀性能（%）		$\geqslant 150$
耐火性能	1h	耐火隔热性时间$\geqslant 1.00$h，且耐火完整性时间$\geqslant 1.00$h
	2h	耐火隔热性时间$\geqslant 2.00$h，且耐火完整性时间$\geqslant 2.00$h
	3h	耐火隔热性时间$\geqslant 3.00$h，且耐火完整性时间$\geqslant 3.00$h

要点 12：阻火包的施工工艺

采用阻火包进行孔洞封堵时的应用工艺如下：

1. 制作防火隔墙

根据电缆隧道和电缆沟的有关间距规定，在需要设置防火隔墙的地方，将阻火包垒成一个完整的墙体即可。电缆贯穿部分的缝隙，可用有机防火堵料填平。

2. 制作耐火隔层

根据电缆竖井的有关间距规定，在需要设置耐火隔层的地方，用阻火网或防火板作为支撑，然后将阻火包平铺于其中，垒制成隔层。电缆贯穿部位的缝隙，可用有机防火堵料填平。

3. 封堵大的孔洞

封堵大的孔洞时，可用阻火包平整地垒制成墙体，并和建筑物墙体平齐，在电缆贯穿部分的缝隙用有机防火填料进行填平。

阻火包在施工时可以堆砌成各种形态的墙体对大的孔洞进行封堵，还可以根据要求垒成各种形式的防火墙和防火隔热层，起到隔热阻火的作用。目前，阻火包已广泛应用于公共建筑、发电厂、变电站、工矿和地下工程中，用于对电缆隧道和电缆竖井或管道、电线电缆等穿过墙体及楼板后所形成的较大的孔洞进行封堵，并具有一定的透气性，检修更换电线电缆十分方便。施工时应注意在管道或电线电缆表皮处配合使用有机防火堵料。

第四节　阻　火　圈

要点 13：阻火圈的定义

阻火圈是由金属等材料制作的壳体和阻燃膨胀芯材组成的一种套圈。使用时将阻火圈套在相应规格的塑料管道外壁，并用螺钉固定在墙体或楼板面上，它主要适用于各类塑料管道穿过墙体和楼板时所形成的孔洞的防火封堵。在火灾发生时，阻火圈内的阻燃膨胀芯材受热后迅速膨胀，并挤压管道使之封堵，以阻止火势沿管道的蔓延。

要点 14：阻火圈的防火机理

阻火圈的防火机理是：当火灾发生时，阻火圈内的芯材受火后急速膨胀，形成具有一定强度的碳化层，并向内挤压软化或炭化的管材，在较短的时间内就能封堵住管道软化或炭化脱落后所形成的洞口，阻止火势的蔓延。

要点 15：阻火圈的分类

（1）阻火圈按所适用塑料管道的公称外径，可分为 75mm、110mm、125mm、160mm、200mm 等系列。

（2）阻火圈按所适用塑料管道的安装方向，可分为水平（SP）和垂直（CZ）。

（3）阻火圈按安装方式，可分为明装（MZ）和暗装（AZ）。

（4）阻火圈按耐火性能，可分为极限耐火时间 1.00h、1.50h、2.00h、2.50h、3.00h 等 5 个等级。

要点 16：阻火圈的理化性能

阻火圈的理化性能应符合表 5-4 的规定。

阻火圈的理化性能 表 5-4

序号	检验项目		技术指标		
1	外观	壳体	不应出现缺角、断裂、脱焊等现象；表面不应出现肉眼可见锈迹和锈点；有覆盖层的其覆盖层不应出现开裂、剥落或脱皮等现象		
		芯材	不应出现粉化现象		
2	尺寸（mm）	壳体基材	材质		厚度
			不锈钢板		≥0.6
			其他		≥0.8
		芯材	管道公称外径	芯材厚度	芯材高度
			$R<110$	≥10	≥40
			$110\leqslant R<160$	≥13	≥48
			$R\geqslant160$	≥23	≥70
3	膨胀性能		芯材的初始膨胀体积 n 与企业公布的膨胀体积 n_0 的偏差不应大于±15％		
4	耐盐雾腐蚀性		壳体经 5 个周期，共 120h 的盐雾腐蚀试验后，其外观应无明显变化		
5	耐水性		5d 试验后，芯材不溶胀、不开裂、不粉化，试验后测得芯材的膨胀体积与初始膨胀体积 $\bar{n}$ 的偏差不应大于±15％		
6	耐碱性				
7	耐酸性				
8	耐湿热性				
9	耐冻融循环试验		15 次试验后，芯材不溶胀、不开裂、不粉化，试验后测得芯材的膨胀体积与初始膨胀体积 $\bar{n}$ 的偏差不应大于±15％		

要点 17：阻火圈的施工工艺

在实际工程使用时，将阻火圈套在相应规格的塑料管外壁，并用螺钉将其固定在墙面和楼板上即可。

根据需要可选用明装和暗装两种安装方式。明装是把阻火圈安装在楼板下面或墙体的两侧；暗装则是把阻火圈安装在楼板或墙体内部，并和楼板下表面或墙体两面平齐。

第五节 常用的防火封堵方法

要点 18：水泥灌注法

对于竖井，早期人们曾用水泥灌注法进行封堵，但是固化后的封堵层在火灾发生后会产生爆裂现象，致使封堵失效。就封堵本身而言，在灌注时还容易擦伤电缆外皮，并且固化后要增减电缆是很难实现的。

要点 19：岩棉封堵法

岩棉封堵法具有价格低廉、封堵简单、增加的建筑荷载小等优点，耐火性能也很好，但是无法对电缆束孔隙进行严密的封堵，纤维间的孔隙也无法封堵。其结果是火灾发生时，虽然具有明显的阻火作用，但由孔隙透过来的烟气仍足以使人窒息。此外，在施工过程中存在的短纤维对人体也是有害的。

要点 20：无机防火堵料封堵法

无机防火堵料封堵法与水泥灌注法基本上是一样的。但该堵料固化层不怕火烧，遇火不迸裂，因而能够有效地起到防火作用。其缺点也是不易拆卸。

要点 21：有机防火堵料封堵法

有机防火堵料对于火和烟气都有较好的封堵效果，也便于拆换。但是由于有机防火堵料一般都较为柔软，仅在封堵面积较小的洞口时才适用，因此也有一定的局限性。所以单纯使用有机防火堵料时多是对小型的孔洞进行封堵。

要点 22：阻火包封堵技术

阻火包的耐火性能优异，便于封堵和拆卸，受到大火的作用时包内填充物能够迅速膨胀并封堵住烟道，有效地阻挡住浓烟和火焰的蔓延。唯一的缺点是在火灾初期堵不住浓烟的流窜，透过封堵层的有害浓烟会严重地威胁到室内人员的生命安全，引起他们的中毒、窒息甚至是伤亡。因此其应用也是有缺陷的。

要点 23：套装阻火圈封堵技术

这是专门针对塑料管材所实施的最新型的防火封堵技术。有相应规格的阻火圈与塑料管相匹配，可适用于各类塑料管穿过墙壁和楼板时所形成的孔洞的防火封堵。

第六章　建筑材料燃烧性能和耐火性能

第一节　建筑材料的燃烧性能

要点 1：有关建筑材料和制品的相关术语

1. 制品

要求给出相关信息的建筑材料、复合材料或组件。

2. 材料

单一物质或均匀分布的混合物，如金属、石材、木材、混凝土、矿纤、聚合物。

3. 管状绝热制品

具有绝热性能的圆形管道状制品。如橡塑保温管、玻璃纤维保温管。

4. 匀质制品

由单一材料组成的，或其内部具有均匀密度和组分的制品。

5. 非匀质制品

不满足匀质制品定义的制品。由一种或多种主要或次要组分组成的制品。

6. 主要组分

非匀质制品的主要构成物质。如单层面密度 $\geqslant 1.0 \mathrm{kg/m^2}$ 或厚度 $\geqslant 1.0 \mathrm{mm}$ 的一层材料。

7. 次要组分

非匀质制品的非主要构成物质。如单层面密度 $< 1.0 \mathrm{kg/m^2}$ 且单层厚度 $< 1.0 \mathrm{mm}$ 的材料。两层或多层次要组分直接相邻（中间无主要组分），当其组合满足次要组分要求时，可视作一个次要组分。

8. 内部次要组分

两面均至少接触一种主要组分的次要组分。

9. 外部次要组分

有一面未接触主要组分的次要组分。

10. 铺地材料

可铺设在地面上的材料或制品。

11. 基材

与建筑制品背面（或底面）直接接触的某种制品，如混凝土墙面等。

12. 标准基材

可代表实际应用基材的制品。

13. 燃烧滴落物/微粒

在燃烧试验过程中，从试样上分离的物质或微粒。

14. 临界热辐射通量（CHF）

火焰熄灭处的热辐射通量或试验 30min 时火焰传播到的最远处的热辐射通量。

15. 燃烧增长速率指数（FIGRA）

试样燃烧的热释放速率值与其对应时间比值的最大值，用于燃烧性能分级。

16. $FIGRA_{0.2MJ}$

当试样燃烧释放热量达到 0.2MJ 时的燃烧增长速率指数。

17. $FIGRA_{0.4MJ}$

当试样燃烧释放热量达到 0.4MJ 时的燃烧增长速率指数。

18. 烟气生成速率指数（SMOGRA）

试样燃烧烟气产生速率与其对应时间比值的最大值。

19. 烟气毒性

烟气中的有毒有害物质引起损伤/伤害的程度。

20. 损毁材料

在热作用下被点燃、碳化、熔化或发生其他损坏变化的材料。

21. 热值

单位质量的材料完全燃烧所产生的热量，以 J/kg 表示。

22. 总热值

单位质量的材料完全燃烧，燃烧产物中所有的水蒸气凝结成水时所释放出来的全部热量。

23. 持续燃烧

试样表面或其上方持续时间大于 4s 的火焰。

要点 2：建筑材料燃烧性能的分级体系

根据国家标准《建筑材料及制品燃烧性能分级》（GB 8624—2012）的规定，建筑材料的燃烧性能被划分为四个等级，见表 6-1。

建筑材料燃烧性能等级　　　　　　　　　　　　　　表 6-1

燃烧性能等级	名称	燃烧性能等级	名称
A	不燃材料	B_2	可燃材料
B_1	难燃材料、	B_3	易燃材料

1. 不燃性材料

不燃性材料是指在空气中受到火烧或高温作用时，不起火、不微燃、不碳化的材料，如金属材料和无机矿物材料等。

2. 难燃性材料

难燃性材料是指在空气中受到火烧或高温作用时，难起火、难微燃、难碳化，当火源移走后，燃烧或微燃立即停止的材料，如水泥刨花板和经阻燃处理的木材等。

3. 可燃性材料

可燃性材料指在空气中受到火烧或高温作用时，立即起火或微燃，当火源移走后，燃烧仍能继续或微燃的材料，如木材、可燃塑料等。

4. 易燃性材料

易燃性材料指在空气中受到火烧或高温作用时，立即起火，而且火焰的传播速度很快，如有机玻璃、泡沫塑料等有机材料。

要点 3：影响建筑材料耐火性能的因素

建筑材料的耐火性能主要取决于建筑材料的理化性质和环境因素。

1. 热膨胀系数

建筑材料的热膨胀系数越大，在火灾高温下变形就越大，越容易使建筑结构破坏，因而也就越不耐火。

2. 导热性

建筑构件的热导率越大，热传导也就越快，因而也就越不耐火。反之，热导率越小，热传导就越慢，也就越耐火。

3. 外部使用环境

外部使用环境在某些情况下也会影响建筑构件的性能。如木屋架在硝酸挥发气体的长期作用下会发生化学变化，木纤维就会变为硝化纤维。此时，不仅构件强度会大大降低，而且还会导致构件更加易燃，使火灾危险性增大。

要点 4：平板状建筑材料的燃烧性能等级和分级判据

平板状建筑材料及制品的燃烧性能等级和分级判据见表 6-2。表中满足 A1、A2 级即为 A 级，满足 B 级、C 级即为 B_1 级，满足 D 级、E 级即为 B_2 级。

平板状建筑材料及制品的燃烧性能等级和分级判据　　　　表 6-2

燃烧性能等级		试验方法		分级判据
A	A1	《建筑材料不燃性试验方法》（GB/T 5464—2010）[1]且		炉内温升 $\triangle T \leqslant 30℃$ 质量损失率 $\triangle m \leqslant 50\%$ 持续燃烧时间 $t_f = 0$
		《建筑材料及制品的燃烧性能　燃烧热值的测定》（GB/T 14402—2007）		总热值 $PCS \leqslant 2.0MJ/kg$[1,2,3,5] 总热值 $PCS \leqslant 1.4MJ/m^2$[4]
	A2	《建筑材料不燃性试验方法》（GB/T 5464—2010）[1]或	且	炉内温升 $\triangle T \leqslant 50℃$ 质量损失率 $\triangle m \leqslant 50\%$ 持续燃烧时间 $t_f \leqslant 20s$
		《建筑材料及制品的燃烧性能　燃烧热值的测定》（GB/T 14402—2007）		总热值 $PCS \leqslant 3.0MJ/kg$[1,5] 总热值 $PCS \leqslant 4.0MJ/m^2$[2,4]
		《建筑材料或制品的单体燃烧试验》（GB/T 20284—2006）		燃烧增长速率指数 $FIGRA_{0.2MJ} \leqslant 120W/s$ 火焰横向蔓延未到达试样长翼边缘 600s 的总放热量 $THR_{600s} \leqslant 7.5MJ$

燃烧性能等级		试验方法	分级判据
B₁	B	《建筑材料或制品的单体燃烧试验》 （GB/T 20284—2006）且	燃烧增长速率指数 $FIGRA_{0.2MJ}\leqslant120W/s$ 火焰横向蔓延未到达试样长翼边缘 $600s$ 的总放热量 $THR_{600s}\leqslant7.5MJ$
		《建筑材料可燃性试验方法》 （GB/T 8626—2007）点火时间 30s	60s 内焰尖高度 $F_S\leqslant150mm$ 60s 内无燃烧滴落物引燃滤纸现象
	C	《建筑材料或制品的单体燃烧试验》 （GB/T 20284—2006）且	燃烧增长速率指数 $FIGRA_{0.4MJ}\leqslant250W/s$ 火焰横向蔓延未到达试样长翼边缘 $600s$ 的总放热量 $THR_{600s}\leqslant15MJ$
		《建筑材料可燃性试验方法》 （GB/T 8626—2007）点火时间 30s	60s 内焰尖高度 $F_S\leqslant150mm$ 60s 内无燃烧滴落物引燃滤纸现象
B₂	D	《建筑材料或制品的单体燃烧试验》 （GB/T 20284—2006）且	燃烧增长速率指数 $FIGRA_{0.4MJ}\leqslant750W/s$
		《建筑材料可燃性试验方法》 （GB/T 8626—2007）点火时间 30s	60s 内焰尖高度 $F_S\leqslant150mm$ 60s 内无燃烧滴落物引燃滤纸现象
	E	《建筑材料可燃性试验方法》 （GB/T 8626—2007）点火时间 15s	20s 内焰尖高度 $F_S\leqslant150mm$ 20s 内无燃烧滴落物引燃滤纸现象
B₃	F	无性能要求	

注：① 匀质制品或非匀质制品的主要组分。
　　② 非匀质制品的外部次要组分。
　　③ 当外部次要组分的 $PCS\leqslant2.0MJ/m^2$ 时，若整体制品的 $FIGRA_{0.2MJ}\leqslant20W/s$、$LFS<$试样边缘、$THR_{600s}\leqslant$
　　　 $4.0MJ$ 并达到 s1 和 d0 级，则达到 A1 级。
　　④ 非匀质制品的任一内部次要组分。
　　⑤ 整体制品。

对墙面保温泡沫塑料，除符合表 6-2 规定外应同时满足以下要求：B₁ 级氧指数值 $OI\geqslant$ 30%；B₂ 级氧指数值 $OI\geqslant26\%$。

要点 5：铺地材料的燃烧性能等级和分级判据

铺地材料的燃烧性能等级和分级判据见表 6-3。表中满足 A1、A2 级即为 A 级，满足 B 级、C 级即为 B₁ 级，满足 D 级、E 级即为 B₂ 级。

铺地材料的燃烧性能等级和分级判据　　　　　　　表 6-3

燃烧性能等级		试验方法		分级判据
A	A1	《建筑材料不燃性试验方法》 （GB/T 5464—2010）①且		炉内温升 $\triangle T\leqslant30℃$ 质量损失率 $\triangle m\leqslant50\%$ 持续燃烧时间 $t_f=0$
		《建筑材料及制品的燃烧性能　燃烧热值的测定》 （GB/T 14402—2007）		总热值 $PCS\leqslant2.0MJ/kg$①·②·④ 总热值 $PCS\leqslant1.4MJ/m^2$③
	A2	《建筑材料不燃性试验方法》 （GB/T 5464—2010）①或	且	炉内温升 $\triangle T\leqslant50℃$ 质量损失率 $\triangle m\leqslant50\%$ 持续燃烧时间 $t_f\leqslant20s$
		《建筑材料及制品的燃烧性能　燃烧热值 的测定》（GB/T 14402—2007）		总热值 $PCS\leqslant3.0MJ/kg$①·④ 总热值 $PCS\leqslant4.0MJ/m^2$②·③
		《铺地材料的燃烧性能测定　辐射热源法》 （GB/T 11785—2005）⑤		临界热辐射通量 $CHF\geqslant8.0kW/m^2$

燃烧性能等级		试验方法	分级判据
B_1	B	《铺地材料的燃烧性能测定 辐射热源法》(GB/T 11785—2005)⑤且	临界热辐射通量 CHF$\geqslant$8.0kW/m²
		《建筑材料可燃性试验方法》(GB/T 8626—2007) 点火时间 15s	20s 内焰尖高度 $F_S\leqslant$150mm
	C	《铺地材料的燃烧性能测定 辐射热源法》(GB/T 11785—2005)⑤且	临界热辐射通量 CHF$\geqslant$4.5kW/m²
		《建筑材料可燃性试验方法》(GB/T 8626—2007) 点火时间 15s	20s 内焰尖高度 $F_S\leqslant$150mm
B_2	D	《铺地材料的燃烧性能测定 辐射热源法》(GB/T 11785—2005)⑤且	临界热辐射通量 CHF$\geqslant$3.0kW/m²
		《建筑材料可燃性试验方法》(GB/T 8626—2007) 点火时间 15s	20s 内焰尖高度 $F_S\leqslant$150mm
	E	《铺地材料的燃烧性能测定 辐射热源法》(GB/T 11785—2005)⑤且	临界热辐射通量 CHF$\geqslant$2.2kW/m²
		《建筑材料可燃性试验方法》(GB/T 8626—2007) 点火时间 15s	20s 内焰尖高度 $F_S\leqslant$150mm
B_3	F	无性能要求	

注：① 匀质制品或非匀质制品的主要组分。
② 非匀质制品的外部次要组分。
③ 非匀质制品的任一内部次要组分。
④ 整体制品。
⑤ 试验最长时间 30min。

要点 6：管状绝热材料的燃烧性能等级和分级判据

管状绝热材料的燃烧性能等级和分级判据见表 6-4。表中满足 A1、A2 级即为 A 级，满足 B 级、C 级即为 B_1 级，满足 D 级、E 级即为 B_2 级。

当管状绝热材料的外径大于 300mm 时，其燃烧性能等级和分级判据按表 6-1 的规定。

管状绝热材料的燃烧性能等级和分级判据 表 6-4

燃烧性能等级		试验方法		分级判据
A	A1	《建筑材料不燃性试验方法》(GB/T 5464—2010)①且		炉内温升△$T\leqslant$30℃ 质量损失率△$m\leqslant$50% 持续燃烧时间 t_f=0
		《建筑材料及制品的燃烧性能 燃烧热值的测定》(GB/T 14402—2007)		总热值 PCS$\leqslant$2.0MJ/kg①·②·③·⑤ 总热值 PCS$\leqslant$1.4MJ/m²④
	A2	《建筑材料不燃性试验方法》(GB/T 5464—2010)①或	且	炉内温升△$T\leqslant$50℃ 质量损失率△$m\leqslant$50% 持续燃烧时间 $t_f\leqslant$20s
		《建筑材料及制品的燃烧性能 燃烧热值的测定》(GB/T 14402—2007)		总热值 PCS$\leqslant$3.0MJ/kg①·④ 总热值 PCS$\leqslant$4.0MJ/m²②·③
		《建筑材料或制品的单体燃烧试验》(GB/T 20284—2006)		燃烧增长速率指数 FIGRA$_{0.2MJ}\leqslant$270W/s 火焰横向蔓延未到达试样长翼边缘 600s 的总放热量 THR$_{600S}\leqslant$7.5MJ

续表

燃烧性能等级		试验方法	分级判据
B₁	B	《建筑材料或制品的单体燃烧试验》（GB/T 20284—2006）且	燃烧增长速率指数 $FIGRA_{0.2MJ} \leqslant 270W/s$ 火焰横向蔓延未到达试样长翼边缘 600s 的总放热量 $THR_{600S} \leqslant 7.5MJ$
		《建筑材料可燃性试验方法》（GB/T 8626—2007）点火时间 30s	60s 内焰尖高度 $F_S \leqslant 150mm$ 60s 内无燃烧滴落物引燃滤纸现象
	C	《建筑材料或制品的单体燃烧试验》（GB/T 20284—2006）且	燃烧增长速率指数 $FIGRA_{0.4MJ} \leqslant 460W/s$ 火焰横向蔓延未到达试样长翼边缘 600s 的总放热量 $THR_{600S} \leqslant 15MJ$
		《建筑材料可燃性试验方法》（GB/T 8626—2007）点火时间 30s	60s 内焰尖高度 $F_S \leqslant 150mm$ 60s 内无燃烧滴落物引燃滤纸现象
B₂	D	《建筑材料或制品的单体燃烧试验》（GB/T 20284—2006）且	燃烧增长速率指数 $FIGRA_{0.4MJ} \leqslant 2100W/s$ 600s 的总放热量 $THR_{600S} < 100MJ$
	E	《建筑材料可燃性试验方法》（GB/T 8626—2007）点火时间 30s	60s 内焰尖高度 $F_S \leqslant 150mm$ 60s 内无燃烧滴落物引燃滤纸现象
		《建筑材料可燃性试验方法》（GB/T 8626—2007）点火时间 15s	20s 内焰尖高度 $F_S \leqslant 150mm$ 20s 内无燃烧滴落物引燃滤纸现象
B₃	F		无性能要求

注：① 匀质制品或非匀质制品的主要组分。
　　② 非匀质制品的外部次要组分。
　　③ 非匀质制品的任一内部次要组分。
　　④ 整体制品。

要点 7：窗帘幕布、家具制品装饰用织物燃烧性能等级和分级判据

窗帘幕布、家具制品装饰用织物燃烧性能等级和分级判据见表 6-5。耐洗涤织物在进行燃烧性能试验前，应按《纺织品　织物燃烧试验前的商业洗涤程序》（GB/T 17596—1998）的规定对试样进行至少 5 次洗涤。

窗帘幕布、家具制品装饰用织物燃烧性能等级和分级判据　　　　　表 6-5

燃烧性能等级	试验方法	分级判据
B₁	《纺织品　燃烧性能试验　氧指数法》（GB/T 5454—1997）《纺织品　燃烧性能　垂直方向损毁长度、阴燃和续燃时间的测定》（GB/T 5455—2014）	氧指数 OI≥32.0% 损毁长度≤150mm，续燃时间≤5s，阴燃时间≤15s 燃烧滴落物未引起脱脂棉燃烧或阴燃
B₂	《纺织品　燃烧性能试验　氧指数法》（GB/T 5454—1997）《纺织品　燃烧性能　垂直方向损毁长度、阴燃和续燃时间的测定》（GB/T 5455—2014）	氧指数 OI≥26.0% 损毁长度≤200mm，续燃时间≤15s，阴燃时间≤30s 燃烧滴落物未引起脱脂棉燃烧或阴燃
B₃		无性能要求

要点 8：电线电缆套管、电器设备外壳及附件的燃烧性能等级和分级判据

电线电缆套管、电器设备外壳及附件的燃烧性能等级和分级判据见表6-6。

电线电缆套管、电器设备外壳及附件的燃烧性能等级和分级判据 表 6-6

燃烧性能等级	制品	试验方法	分级判据
B₁	电线电缆套管	《塑料 用氧指数法测定燃烧行为 第2部分：室温试验》（GB/T 2406.2—2009）《塑料 燃烧性能的测定 水平法和垂直法》（GB/T 2408—2008）《建筑材料燃烧或分解的烟密度试验方法》（GB/T 8627—2007）	氧指数 OI≥32.0%垂直燃烧性能 V-0 级烟密度等级 SDR≤75
	电器设备外壳及附件	《电工电子产品着火危险试验 第16部分：试验火焰 50W 水平与垂直火焰试验方法》（GB/T 5169.16—2008）	垂直燃烧性能 V-0 级
B₂	电线电缆套管	《塑料 用氧指数法测定燃烧行为 第2部分：室温试验》（GB/T 2406.2—2009）《塑料 燃烧性能的测定 水平法和垂直法》（GB/T 2408—2008）	氧指数 OI≥26.0%垂直燃烧性能 V-1 级
	电器设备外壳及附件	《电工电子产品着火危险试验 第16部分：试验火焰 50W 水平与垂直火焰试验方法》（GB/T 5169.16—2008）	垂直燃烧性能 V-1 级
B₃	无性能要求		

要点 9：电器、家具制品用泡沫塑料的燃烧性能等级和分级判据

电器、家具制品用泡沫塑料的燃烧性能等级和分级判据见表6-7。

电器、家具制品用泡沫塑料的燃烧性能等级和分级判据 表 6-7

燃烧性能等级	试验方法	分级判据
B₁	《建筑材料热释放速率试验方法》（GB/T 16172—2007）① 《硬质泡沫塑料燃烧性能试验方法 垂直燃烧法》（GB/T 8333—2008）	单位面积热释放速率峰值≤400kW/m² 平均燃烧时间≤30s，平均燃烧高度≤250mm
B₂	《硬质泡沫塑料燃烧性能试验方法 垂直燃烧法》（GB/T 8333—2008）	平均燃烧时间≤30s，平均燃烧高度≤250mm
B₃	无性能要求	

注：① 辐射照度设置为30kW/m²。

要点 10：软质家具和硬质家具的燃烧性能等级和分级判据

软质家具和硬质家具的燃烧性能等级和分级判据见表6-8。

软质家具和硬质家具的燃烧性能等级和分级判据　　　　表 6-8

燃烧性能等级	制品类别	试验方法	分级判据
B₁	软质家具	《火焰引燃家具和组件的燃烧性能试验方法》（GB/T 27904—2011）《软体家具　床垫和沙发　抗引燃特性的评定第 1 部分：阴燃的香烟》（GB 17927.1—2011）	热释放速率峰值≤200kW 5min 内总热释放量≤30MJ 最大烟密度≤75％ 无有焰燃烧引燃或阴燃引燃现象
	软质床垫	《建筑材料及制品燃烧性能分级》（GB 8624—2012）附录 A	热释放速率峰值≤200kW 10min 内总热释放量≤15MJ
	硬质家具①	《火焰引燃家具和组件的燃烧性能试验方法》（GB/T 27904—2011）	热释放速率峰值≤200kW 5min 内总热释放量≤30MJ 最大烟密度≤75％
B₂	软质家具	《火焰引燃家具和组件的燃烧性能试验方法》（GB/T 27904—2011）《软体家具　床垫和沙发　抗引燃特性的评定第 1 部分：阴燃的香烟》（GB 17927.1—2011）	热释放速率峰值≤300kW 5min 内总热释放量≤40MJ 试件未整体燃烧 无有焰燃烧引燃或阴燃引燃现象
	软质床垫	《建筑材料及制品燃烧性能分级》（GB 8624—2012）附录 A	热释放速率峰值≤300kW 10min 内总热释放量≤25MJ
	硬质家具	《火焰引燃家具和组件的燃烧性能试验方法》（GB/T 27904—2011）	热释放速率峰值≤300kW 5min 内总热释放量≤40MJ 试件未整体燃烧
B₃		无性能要求	

注：① 塑料座椅的试验火源功率采用 20kW，燃烧器位于座椅下方的一侧，距座椅底部 300mm。

第二节　建筑材料燃烧性能试验方法

要点 11：建筑材料不燃性试验方法

1. 试验装置

（1）加热炉、支架和气流罩

1）加热炉管应由表 6-9 规定的密度为（2800±300）kg/m³ 的铝矾土耐火材料制成，高（150±1mm），内径（75±1）mm，壁厚（10±1）mm。

加热炉管铝矾土耐火材料的组分　　　　表 6-9

材料	含量（％）（质量百分数）
三氧化二铝（Al_2O_3）	＞89
二氧化硅和三氧化二铝（SiO_2，Al_2O_3）	＞98
三氧化二铁（Fe_2O_3）	＜0.45
二氧化钛（TiO_2）	＜0.25
四氧化三锰（Mn_3O_4）	＜0.1
其他微量氧化物（Na，K，Ca，Mg 氧化物）	其他

2）加热炉管安置在一个由隔热材料制成的高 150mm、壁厚 10mm 的圆柱管的中心部位，并配以带有内凹缘的顶板和底板，以便将加热炉管定位。加热炉管与圆柱管之间的环状空间内应填充适当的保温材料。

3）加热炉底面连接一个两端开口的倒锥形空气稳流器，其长为 500mm，并从内径为（75±1）mm 的顶部均匀缩减至内径为（10±0.5）mm 的底部。空气稳流器采用 1mm 厚的钢板制作，其内表面应光滑，与加热炉之间的接口处应紧密、不漏气、内表面光滑。空气稳流器的上半部采用适当的材料进行外部隔热保温。

4）气流罩采用与空气稳流器相同的材料制成，安装在加热炉顶部。气流罩高 50mm、内径（75±1）mm，与加热炉的接口处的内表面应光滑。气流罩外部应采用适当的材料进行外部隔热保温。

5）加热炉、空气稳流器和气流罩三者的组合体应安装在稳固的水平支架上。该支架具有底座和气流屏，气流屏用以减少稳流器底部的气流抽力。气流屏高 550mm，稳流器底部高于支架底面 250mm。

（2）热电偶

1）采用丝径为 0.3mm，外径为 1.5mm 的 K 型热电偶或 N 型热电偶，其热接点应绝缘且不能接地。热电偶应符合《热电偶　第 2 部分：允差》（GB/T 16839.2—1997）规定的一级精度要求。铠装保护材料应为不锈钢或镍合金。

2）新热电偶在使用前应进行人工老化，以减少其反射性。

3）如图 6-1 所示，炉内热电偶的热接点应距加热炉管壁（10±0.5）mm，并处于加

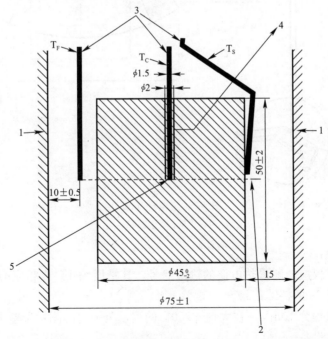

图 6-1　加热炉、试样和热电偶的位置（mm）

1—炉壁；2—中部温度；3—热电偶；4—直径 2mm 的孔；5—热电偶与材料间的接触

T_F—炉内热电偶；T_C—试样中心热电偶；T_S—试样表面热电偶

注：对于 T_C 和 T_S 可任选使用。

热炉管高度的中点。热电偶位置可采用图 6-2 所示的定位杆标定，借助一根固定于气流罩上的导杆以保持其准确定位。

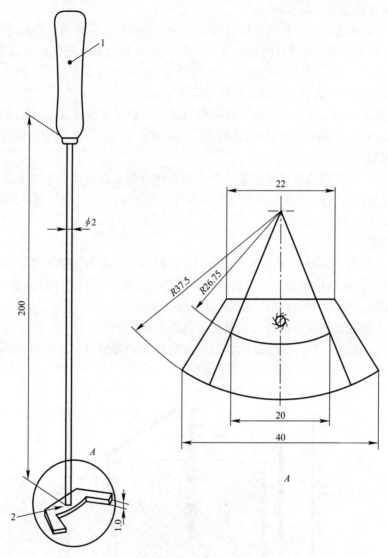

图 6-2 定位杆（mm）
1—手柄；2—焊接处

（3）温度记录仪

温度显示记录仪应能测量热电偶的输出信号，其精度约 1℃ 或相应的毫伏值，并能生成间隔时间不超过 1s 的持续记录。

记录仪工作量程为 10mV，在大约＋700℃ 的测量范围内的测量误差小于±1℃。

（4）其他附加设备

1）稳压器。额定功率不小于 1.5kV·A 的单相自动稳压器，其电压在从零至满负荷的输出过程中精度应在额定值的±1％以内。

2）调压变压器。控制最大功率应达 1.5kV·A，输出电压应能在零至输入电压的范围内进行线性调节。

3）电气仪表。应配备电流表、电压表或功率表，以便对加热炉工作温度进行快速设定。

4）功率控制器。可用来代替上述规定的稳压器、调压变压器和电气仪表，它的型式是相角导通控制、能输出 $1.5kV \cdot A$ 的可控硅器件。其最大电压不超过 $100V$，而电流的限度能调节至"100％功率"，即等于电阻带的最大额定值。功率控制器的稳定性约 1%，设定点的重复性为 $\pm1\%$，在设定点范围内，输出功率应呈线性变化。

2. 试验样品

试样应从代表制品的足够大的样品上制取。试样为圆柱形，体积（76 ± 8）cm^3，直径（45^{0}_{-2}）mm，高度（50 ± 3）mm。

若材料厚度不满足（50 ± 3）mm，可通过叠加该材料的层数和/或调整材料厚度来达到（50 ± 3）mm 的试样高度。

每层材料均应在试样架中水平放置，并用两根直径不超过 $0.5mm$ 的铁丝将各层捆扎在一起，以排除各层间的气隙，但不应施加显著的压力。松散填充材料的试样应代表实际使用的外观和密度等特性。（注：如果试样是由材料多层叠加组成，则试样密度宜尽可能与生产商提供的制品密度一致。）

3. 状态调节

试验前，试样应按照 EN 13238 的有关规定进行状态调节。然后将试样放入＋（60 ± 5）$℃$ 的通风干燥箱内调节（$20\sim24$）h，然后将试样置于干燥皿中冷却至室温。试验前应称量每组试样的质量，精确至 $0.01g$。

4. 试验步骤

（1）试验前应确保整台装置处于良好的工作状态，如空气稳流器整洁畅通、插入装置能平稳滑动、试样架能准确位于炉内规定位置。

（2）将一个经状态调节的试样放入试样架内，试样架悬挂在支承件上。

（3）将试样架插入炉内规定位置，该操作时间不应超过 $5s$。

（4）当试样位于炉内规定位置时，立即启动计时器。

（5）记录试验过程中炉内热电偶测量的温度，如要求测量试样表面温度和中心温度，对应温度也应予以记录。

（6）进行 $30min$ 试验。如果炉内温度在 $30min$ 时达到了最终温度平衡，即由热电偶测量的温度在 $10min$ 内漂移（线性回归）不超过 $2℃$，则可停止试验。如果 $30min$ 内未能达到温度平衡，应继续进行试验，同时每隔 $5min$ 检查是否达到最终温度平衡，当炉内温度达到最终温度平衡或试验时间达 $60min$ 时应结束试验。记录试验的持续时间，然后从加热炉内取出试样架，试验的结束时间为最后一个 $5min$ 的结束时刻或 $60min$。

若温度记录仪不能进行实时记录，试验后应检查试验结束时的温度记录。若不能满足上述要求，则应重新试验。

若试验使用了附加热电偶，则应在所有热电偶均达到最终温度平衡时或当试验时间为 $60min$ 时结束试验。

（7）收集试验时和试验后试样碎裂或掉落的所有碳化物、灰和其他残屑，同试样一起放入干燥皿中冷却至环境温度后，称量试样的残留质量。

5. 试验结果

（1）质量损失：计算并记录测量的各组试样的质量损失，以试样初始质量的百分数表示。

（2）火焰：计算并记录每组试样持续火焰持续时间的总和，以秒为单位。

（3）温升：计算并记录试样的热电偶温升，$\Delta T = T_m - T_f$，以摄氏度为单位。

要点 12：建筑材料难燃性试验方法

1. 试验装置

难燃性试验的装置主要包括燃烧竖炉和测试设备两部分。

（1）燃烧竖炉

燃烧竖炉主要由燃烧室、燃烧器、试件支架、空气稳流层及烟道等部分组成。其外形尺寸为1020mm×1020mm×3930mm（图6-3、图6-4）。

1）燃烧室。燃烧室由炉壁和炉门构成，其内部空间尺寸为 800mm × 800mm × 2000mm。

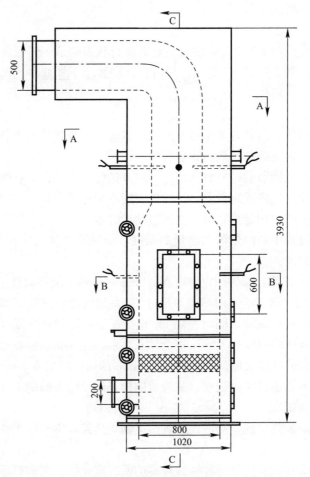

图 6-3　燃烧竖炉外形

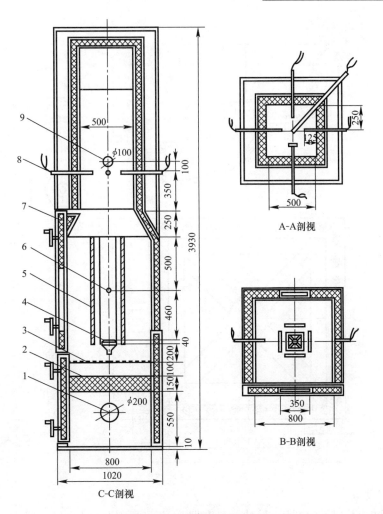

图 6-4 燃烧竖炉剖视图

1—空气进口管；2—空气稳流器；3—铁丝网；4—燃烧器；5—试件；6—壁温热电偶；

7—炉壁结构（由内向外），2mm 钢板、6mm 石棉板约 40mm 厚的岩棉纤维隔热材料、10mm 石棉水泥板；

8—烟道热电偶；9—T 形测压管

炉壁为保温夹层结构，其结构形式如图 6-3 所示。炉门分为上、下两门，分别用铰链与炉体连接，其结构与炉壁相似，两门借助手轮和固定螺杆与炉体闭合。在上炉门和燃烧室后壁分别设有两个观察窗。

2）燃烧器。燃烧器（图 6-5）水平置于燃烧室的中心，距炉底 1000mm 处。

3）试件支架。试件支架为高 1000mm 的长方体框架。框架的四个侧面设有调节试件安装距离的螺杆，框架由角钢制成（图 6-6）。

4）空气稳流层。空气稳流层为一个角钢制成的方框，设置于燃烧器的下方。方框的底部铺设钢丝网，其上铺设多层玻璃纤维毡以保证提供稳定的气流。

5）烟道。燃烧竖炉的烟道为方形的通道，其截面积为 500mm×500mm，并位于炉子的顶部。下部与燃烧室相通，上部与外部烟囱相接。

6）供气。为在燃烧室内形成均匀的气流，在炉体下部通过直径 φ200mm 的管道以恒定的速率和温度输入清洁空气。

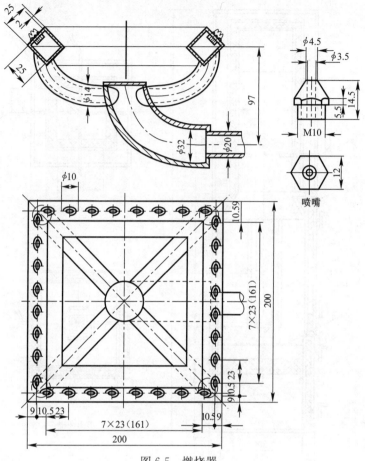

图 6-5　燃烧器

（2）测试设备

燃烧竖炉的测试设备包括流量计、热电偶、温度记录仪、温度显示仪表和炉内压力测试仪表等。

1）流量计。甲烷气和压缩空气流量的测定，选用精度为 2.5 级、量程范围为 0.25～2.5m³/h 的流量计进行测定。

2）热电偶。烟道气温度和炉壁温度的测定均采用精度为Ⅱ级、丝径为 0.5mm、外径不大于 3mm 的镍铬-镍硅铠装热电偶，其安装部位如图 6-4 所示。

3）温度记录仪及显示仪表。温度测定采用微机显示和记录，其测试精度为 1℃。也可以采用与热电偶配套的精度为 0.5 级的可连续记录的电子电位差计或其他合适的可连续记录仪表进行记录。

4）炉内压力测试仪表。在距炉底 2700mm 的烟道部位，距烟道壁 100mm 处设置 T 形炉压测试管。T 形管的内径为 10mm，头宽 100mm。通过一台精度为 0.5 级的差压变送器与微机或其他记录仪相连，以实现连续的监测。

2. 试验样品

对于均向性材料需进行 3 组试验。对薄膜、织物以及非均向性材料需作 4 组试验，分别从材料的纵向和横向取样制作 2 组试件。对于非对称性材料，应从试样的正、反两面各制备 2 组试件。若只需从一侧划分材料的燃烧性能等级，则可仅对该侧面制取 3 组试件。

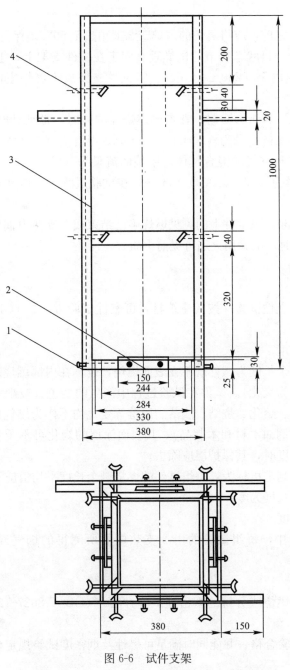

图 6-6　试件支架

1—固定螺杆；2—底座；3—角钢框架；4—调节螺杆

　　每组试验需要 4 个试样，每个试样均应以材料的实际使用厚度来制作。当材料的实际使用厚度超过 80mm 时，试样的制作厚度应取（80±5）mm。试样的表面规格为 1000_{-5}^{0} mm×190_{-5}^{0} mm，其表面和内层材料应具有代表性。

　　在进行试验前，必须将试样在温度（23±2）℃、相对湿度（50±5）%的条件下调节至质量恒定。其判定条件为间隔 24h 的前后两次称量的质量变化率不大于 0.1%。如果通过称量不能确定样品是否达到平衡状态，则应在试验前将样品在上述的温湿度条件下存放至 28d。

3. 试验步骤

试件放入燃烧室之前，应将竖炉的内炉壁温度预热至50℃。保持炉内压力为（－15±10）Pa。然后将4个经过状态调节的试样垂直固定在试件支架上，组成垂直的方形烟道。调整试样间的相对距离至（250±2）mm。将试件支架放入燃烧室内的规定位置，关闭炉门。

当炉壁温度降至（40±5）℃时，在点燃燃烧器的同时，揿动计时器按钮，开始试验。试验过程中竖炉内应维持流量为（10±1）m³/min、温度为（23±2）℃的空气流。燃烧器所用的燃料气为甲烷和空气的混合气体。甲烷的流量为（35.0±0.5）L/min，其纯度大于95%；空气的流量为（17.5±0.2）L/min。在试验过程中，应注意观察试验现象并加以记录。

试验时间为10min。当试件上的可见燃烧确已结束或5支热电偶所测得的平均烟气温度最大值超过200℃时，试验用火焰可提前中断。

4. 结果评价

（1）可燃性试验

材料应能通过可燃性试验［按《建筑材料可燃性试验方法》（GB/T 8626—2007）进行试验］。

（2）燃烧剩余长度

试件燃烧后的剩余长度为试件既不在表面燃烧，也不在内部燃烧时所形成的炭化部分的长度（明显变黑色为炭化）。试件在试验过程中产生的变色、被烟熏黑以及外观结构发生弯曲、起皱、鼓泡、熔化、烧结、滴落、脱落等变化均不作为燃烧的判断依据。采用防火涂层保护的试件（例如木材和木制品），其表面涂层的炭化可不予考虑。在确定被保护材料的燃烧后剩余长度时，其保护层应除去。

燃烧剩余长度的判定指标为：每组试件的燃烧剩余长度平均值应≥150mm，其中没有一个试件的燃烧剩余长度为零。

（3）平均烟气温度

在燃烧竖炉试验中，每组试验的由5支热电偶所测得的烟气温度平均值不能超过200℃。

（4）烟密度

按照《建筑材料燃烧或分解的烟密度试验方法》（GB/T 8627—2007）进行试验，材料的烟密度等级应≤75。

凡是燃烧竖炉试验合格，并能同时满足可燃性及烟密度试验规定要求的材料可被判定为难燃性建筑材料。

要点13：建筑材料可燃性试验方法

1. 试验装置

可燃性试验的试验装置主要包括燃烧箱、燃烧器、试样夹、挂杆、滤纸和收集盘等。

（1）燃烧箱

燃烧箱（图6-7）由不锈钢钢板制作而成，并安装有耐热玻璃门，以便于至少从箱体的正面和一个侧面进行试验操作和观察。燃烧箱通过箱体底部的方形盒体进行自然通风，方形盒体由厚度为 1.5mm 的不锈钢制成，盒体的高度为 50mm，开敞面积为 25mm×25mm。为了达到自然通风的目的，盒体应放置在高 40mm 的支座上，以使箱体底部存在一个通风空气隙。如图 6-7 所示，箱体正面两支座之间的空气隙应予以封闭。在只点燃燃烧器和打开抽风罩的条件下，测量的箱体烟道内的空气流速应为（0.7±0.1）m/s。

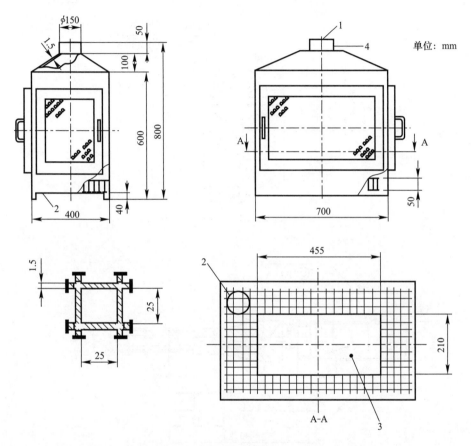

图 6-7　燃烧箱

1—空气流速测量点；2—金属丝网格；3—水平钢板；4—烟道除规定了公差外，全部尺寸均为公称值

燃烧箱应放置在合适的抽风罩下方。

（2）燃烧器

燃烧器的结构如图 6-8 所示，燃烧器的设计应使其能在垂直方向使用或与垂直轴线成 45°角。燃烧器应安装在水平钢板上，并可沿燃烧箱的中心线方向前后平稳地移动。燃烧器应安装有一个微调阀，以调节火焰高度。

所采用的燃气为纯度≥95% 的商用丙烷。为使燃烧器在 45°角方向上保持火焰稳定，燃气的压力范围应在 10～50kPa。

（3）试样夹

试样夹由两个 U 形不锈钢框架构成，宽 15mm，厚（5±1）mm，其他尺寸等如图 6-9 所示。框架垂直悬挂在挂杆上，以使试样的底面中心线和底面边缘可以直接受火。为避免试样歪斜，用螺钉或夹具将两个试样框架卡紧。

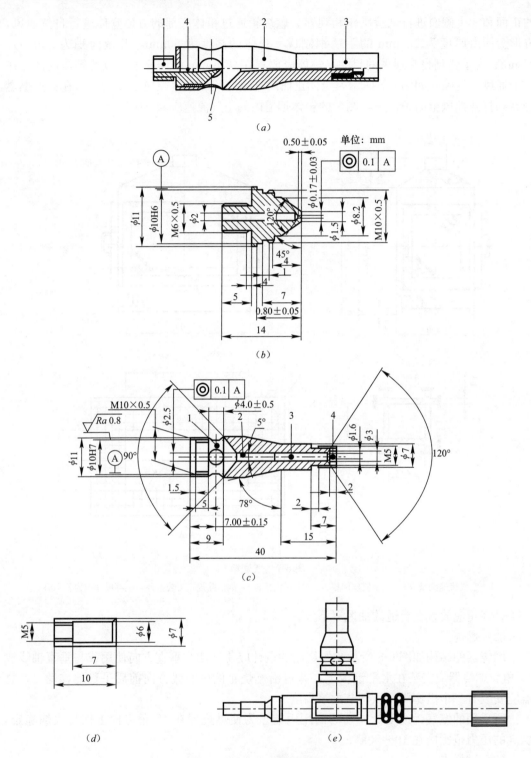

图 6-8　气体燃烧器

(a) 燃烧器结构；1—燃气喷嘴；2—燃气管；3—火焰稳定器；4—阻气管；5—预设部件切口

(b) 燃气喷嘴；(c) 燃烧器管道；1—气体混合区；2—加速区；3—燃烧区；4—出口

(d) 火焰稳定器；(e) 燃烧器和调节阀

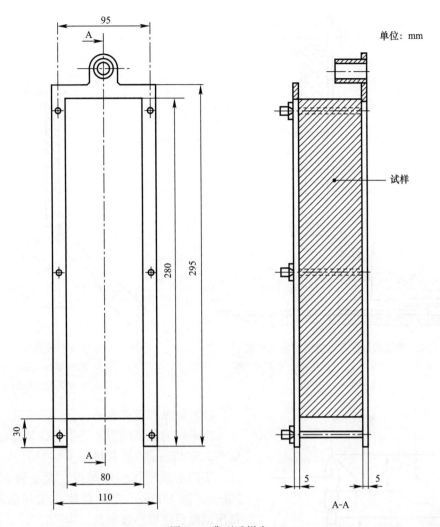

图 6-9　典型试样夹

采用的固定方式应能保证试样在整个试验过程中不会移位,这一点非常重要。

（4）挂杆

挂杆固定在垂直立柱（支座）上,以使试样夹能够垂直悬挂,燃烧器火焰能作用于试样上（图 6-10）。

对于边缘点火方式和表面点火方式来说,试样底面与金属网上方水平钢板的上表面之间的距离应分别为（125±10）mm 和（85±10）mm。

（5）火焰检查装置

1）火焰高度测量工具。以燃烧器上某一固定点为测量起点,能显示火焰高度为 20mm 的合适工具（图 6-12）。火焰高度测量工具的偏差应为±0.1mm。

2）用于边缘点火的点火定位器。能插入燃烧器喷嘴的长 16mm 的抽取式定位器,用以确定同预先设定火焰在试样上的接触点的距离（图 6-13）。

3）用于表面点火的点火定位器。能插入燃烧器喷嘴的抽取式锥形定位器,用以确定燃烧器前端边缘与试样表面的距离为 5mm（图 6-13）。

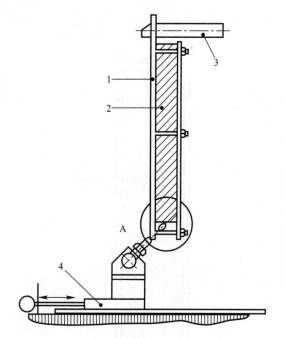

图 6-10　典型的挂杆和燃烧器定位（侧视图）

1—试样夹；2—试样；3—挂杆；4—燃烧器底座

A 如图 6-11 所示

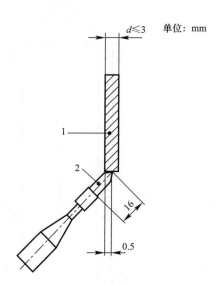

图 6-11　厚度小于或等于 3mm 的制品
的火焰冲击点

1—试样；2—燃烧器定位器；d—厚度

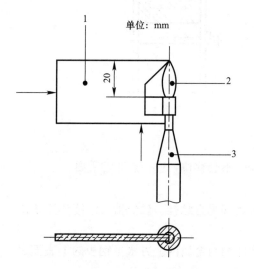

图 6-12　典型的火焰高度测量器具

1—金属片；2—火焰；3—燃烧器

（6）滤纸和收集盘

所采用的滤纸应为未经染色的崭新滤纸，面密度为 $60kg/m^2$，含灰量小于 0.1%。

采用铝箔制作的收集盘，大小为 100mm×50mm，深 10mm。收集盘放在试样的正下方，每次试验后应更换收集盘。

2. 试验样品

试样尺寸为：长 $250^0_{-1}mm$，宽 $90^0_{-1}mm$。

名义厚度不超过 60mm 的试样应按其实际厚度进行试验。名义厚度大于 60mm 的试样，应从其背火面将厚度削减至 60mm，按 60mm 厚度进行试验。若需要采用这种方式削减试样尺寸，该切削面不应作为受火面。对于通常生产尺寸小于试样尺寸的制品，应制作适当尺寸的样品专门用于试验。对于非平整制品，试样可按其最终应用条件进行试验（如隔热导管），并应提供完整制品或长 250mm 的试样。

对于每种点火方式，至少应测试 6 块具有代表性的制品试样，并应分别在样品的纵向和横向上切制 3 块试样。

若试验用的制品厚度不对称，在实际应用中两个表面均可能受火时，则应对试样的两个表面分别进行试验。若制品的几个表面区域明显不同，但每个表面区域均能符合基本平整制品的规定时，则应再附加一组试验来评估该制品。如果制品在安装过程中四周进行了封边，但仍可以在未加边缘保护的情况下使用时，应对封边的试样和未封边的试样分别进行试验。若制品在最终应用条件下是安装在基材上进行使用的，则试样应能代表其最终的应用状况。

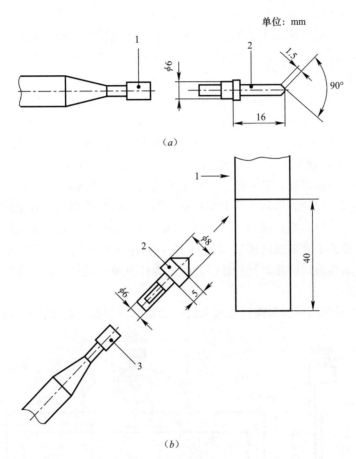

图 6-13　燃烧器定位器

(a) 边缘点火；1—燃烧器；2—定位器；(b) 表面点火；1—试样表面；2—定位器；3—燃烧器

3. 试验步骤

（1）试验时间

有两种点火时间供委托方选择，15s 或 30s。试验开始时间就是点火的开始时间。

如果点火时间为 15s，总试验时间是 20s，从开始点火计算。

如果点火时间为 30s，总试验时间是 60s，从开始点火计算。

（2）点火方式

试样可能需要采用表面点火方式或边缘点火方式，或同时采用这两种点火方式。

对所有的基本平整制品，火焰应施加在试样的中心线位置，底部边缘上方 40mm 处。应对实际应用中可能受火的每种不同的表面分别进行试验。

对于总厚度不超过 3mm 的单层或多层的基本平整制品，边缘点火的火焰应施加在试样底面中心位置处。对于总厚度大于 3mm 的单层或多层的基本平整制品，边缘点火的火焰应施加在试样底边中心且距受火表面 1.5mm 的底面位置处。对于所有厚度大于 10mm 的多层制品，应增加试验，将试样沿其垂直轴线旋转 90°，边缘点火的火焰施加在每层材料底部中线所在的边缘处。

对于非基本平整制品和按实际应用条件进行测试的制品，应分别按规定进行表面点火和边缘点火，并应在试验报告中详尽阐述使用的点火方式。

如果在对第一块试样施加火焰期间，试样并未着火就因受热出现熔化或收缩现象，则应改用长 250^{0}_{-1}mm、宽 180^{0}_{-1}mm 的试样用熔化收缩制品的试验程序进行试验。

（3）试验步骤

1）普通制品的试验步骤。将 6 个试样从状态调节室中取出，并在 30min 内完成试验。若有必要，也可将试样从状态调节室取出，放置于密闭箱体中的试验装置内。将试样置于试样夹中，这样试样的两个边缘和上端边缘被试样夹封闭，受火端距离试样夹底端 30mm。将燃烧器角度调整至 45°角，使用定位器来确认燃烧器与试样的距离。在试样下方的铝箔收集盘内放两张滤纸，这一操作应在试验前的 3min 内完成。

点燃位于垂直方向的燃烧器，待火焰稳定。调节燃烧器微调阀，并采用火焰测量器具测量火焰的高度，调整火焰高度为（20±1）mm，并在每次对试样点火前均对火焰高度进行测量。沿燃烧器的垂直轴线将燃烧器倾斜 45°，水平向前推进，直至火焰抵达预设的试样接触点。当火焰接触到试样时开始计时，按照委托方要求的点火时间进行试验，然后平稳地撤回燃烧器。

2）熔化收缩制品的试验步骤。未着火就熔化收缩的制品应采用特殊试样夹（图 6-14）

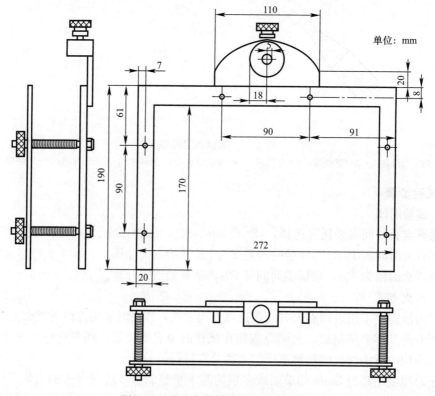

图 6-14　熔化滴落制品的试样夹结构

进行试验。试样夹应能夹紧试样，试样尺寸为宽 250mm，高 180mm。试样框架为两个宽（20±1）mm、厚（5±1）mm 的不锈钢 U 形框架，且垂直悬挂在挂杆上。试样夹应能相对燃烧器方向水平移动。将试样夹安装在滑道系统上，从而试样可通过手动或自动方式相对燃烧器方向移动。

用试样夹将试样夹紧，受火的试样底边与试样夹底边处于同一水平线上。将燃烧器沿其垂直轴线倾斜 45°，并水平推进燃烧器，直至火焰接触试样底部边缘的预先设置点位置，且距试样框架的内边缘 10mm。在火焰接触试样的同时启动计时装置。对试样点火 5s，然后平稳地移开燃烧器。重新调整该试样的位置，使新的火焰接触点位于上次点火形成的任意试样燃烧孔洞的边缘。在上次试样火焰熄灭后的 3~4s 内重新对试样进行点火，或在上次试样未着火后的 3~4s 内重新对试样进行点火。重复该操作，直至火焰接触点抵达试样的顶部边缘。若制品为未着火就熔化收缩的层状材料，所有层状材料都需进行试验。继续试验，直至火焰接触点抵达试样的顶部边缘结束试验，或从点火开始计时的 20s 内火焰传播至 150mm 刻度线时结束试验。

4. 试验结果的描述

（1）普通制品：对于每块试样，记录点火位置及以下现象：

1）试样是否被引燃；

2）火焰尖端是否到达距点火点 150mm 处，并记录该现象发生的时间；

3）是否发生滤纸被引燃；

4）观察试样的物理行为。

（2）熔化收缩制品：对每个试样，应记录以下信息：

1）滤纸是否着火；

2）火焰尖端是否到达距最初点火点 150mm 处，并记录该现象发生时间。

要点 14：建筑材料的烟密度试验方法

1. 试验装置

烟密度试验仪主要由烟箱、样品支架、点火系统和光电系统等几部分组成。

（1）烟箱

烟箱的构造如图 6-15 所示。

烟箱由一个装有耐热玻璃门的 300mm×300mm×790mm 大小的防锈蚀的金属板构成。烟箱固定在尺寸为 350mm×400mm×57mm 的基座上，基座上设有控制器。烟箱内部应有保护金属免受腐蚀的表面处理。烟箱除了在底部四周有 25mm×230mm 的开口外其余部分应被密封。一个 1700L/min 的排风机被安装在烟箱的一边，排风机的进风口与烟箱内部连通，排风口与通风橱相连。如果烟箱处于集烟罩下，可以不必连接到通风橱。在烟箱门的左右两侧距底座 480mm 高的居中位置处，各有一个开口直径为 70mm 的不漏烟的玻璃圆窗，在这些位置和烟箱外部，安装有相应的光学设备和附加控制装置。在烟箱背部安装有一块可更换的白色塑料板，它位于距底座 480mm 烟箱背面板的居中处，高 90mm、宽 150mm，透过它可以看见一个照亮的白底红字的逃生标志"EXIT"字样。白色背景可以方便地观察到材料的火焰、烟气和燃烧特性。通过观察安全出口标志有利于找到能见度和测试值之间的关系。

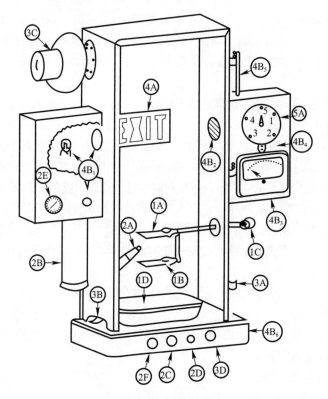

图 6-15　烟箱示意

1—样品支架：A—不锈钢网格；B—石棉板；C—调节把手；D—灭火盘；2—点火器：A—燃烧器；

B—丙烷罐；C—气体开关阀；D—压力调整旋钮；E—压力指示器；F—燃烧器的定位把手；3—箱体（无门）；

A—门铰链；B—出烟孔；C—排风机；D—风机控制器；4—光电系统：A—安全标志；

B—测量系统（B_1—光源和转换器；B_2—光电池和网格；B_3—光吸收指示仪表；B_4—温度补偿；

B_5—光电池温度监测器；B_6—量程转换）；5—计时器：A—计时器

（2）样品支架

样品放在一个边长为 64mm 的正方形框槽上，正方形由 6mm×6mm×0.9mm 不锈钢网格构成，正方形支架位于底座上方 220mm 处并与烟箱各边等距离。钢丝格网位于不锈钢框槽内，不锈钢框槽通过固定于烟箱右边的一根钢杆手柄支撑。安装在同样的钢杆手柄上，在样品支架的下方 76mm 处有一个类似的不锈钢框槽，它支撑着一个正方形的石棉板，石棉板可以收集试验期间的滴落物。通过转动样品支架的钢杆，可使燃烧的样品落在下方盛有少量水的盘子中而熄灭。

（3）点火系统

样品应该由工作压力为 276kPa 的点火器产生的丙烷火焰来点燃。燃气应与空气混合，当燃气从直径为 0.13mm 的孔通过时，利用丙烷文氏管的作用推动空气并一起通入点火器。点火器必须设计能提供足够的外部空气。样品下方的点火器应能够快速调整位置以便点火器的轴线落在底座上方一个 8mm 的点上，点火器在烟箱背面角落向对角延伸并与底座呈 45°向上倾斜。点火器的出口应离烟箱背面的参考点 260mm。烟箱外部的管道至少应长 150mm，应能够将空气导入点火器中。

（4）光电系统

用光源、一个带屏障层的光电池和一个温度补偿计来测量光束穿过300mm的烟气层后的百分比。光束路径沿水平方向传播，如图6-16所示。

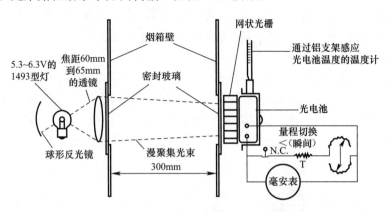

图6-16　烟密度试验箱内光电系统

光源安装在烟箱左壁凸出的一个光源盒内，位于底座上方480mm高的地方。光源为灯丝密集型仪表灯泡，工作电压为5.8V。光源是一个球形反射体，其电源由一个可调电压变压器提供。一个焦距为60～65mm的透镜将光束聚焦在仪器右壁的光电池上。另一个装有光度计的盒子安装在烟箱的右边。带屏障层光电池应有标准光谱响应。光电池前面应设置圆形网格箱用来保护电池免受散光照射。网格应为暗黑抛光的，并且开口的深度至少为宽度的两倍。光电池感应产生的电流以光的吸收率显示在仪表上。光电池随着温度的增加线性减少，因此应做出补偿。光电池工作温度不高于50℃。仪表应该有两个量程。可通过切换仪表到它灵敏度的十分之一来改变量程。当烟累积到能吸收90%的光束时，应快速转换使仪表的灵敏度降低到基本值。要达到这一点，仪表的刻度应是从90%～100%，而不是从0～100%。

2. 试验样品

标准的样品是(25.4±0.3)mm×(25.4±0.3)mm×(6.2±0.3)mm，也可以采用其他厚度，但它们的厚度应该和烟密度值一起在报告中说明。可以采用厚度小于6.2mm的材料进行试验，也可按照其通常实际使用厚度或者直接叠加到厚度大约6.2mm。同样，试验可以采用厚度大于6.2mm的材料进行试验，也可按照其通常实际使用厚度或将材料加工到厚度6.2mm。试样最大厚度为25mm，当材料厚度大于25mm时，需根据实际使用情况确定受火面，并在切割时保留受火面。

每组试验样品为3块，试样的加工可采用机械切磨的方式，要求试样表面平整，无飞边、毛刺。

3. 试验步骤

打开光源、安全出口标志、排风机的电源。打开丙烷气，点燃点火器，调整丙烷压力到276kPa，并立即点燃点火器。设置温度补偿，调整光源使光吸收率为0。将样品水平放置在支架上，使得点火器就位以后火焰正好在样品的下方。将计时器调到零点。

关闭排风机和烟箱门，立即将点火器移至样品下，开启计时器。如果在集烟罩下，应关闭排烟风机和集烟罩门。以15s的间隔记录光吸收率，记录4min。记录试验期间的观察现象，包括样品出现火焰的时间、火焰熄灭时间、样品烧尽的时间、安全出口标志由于烟气累积而变模糊的时间、一般的和不寻常的燃烧特性（如熔化、滴落、起泡、成炭等）。试验完成以后，打开排风机排出烟箱的烟气。如在集烟罩内，应在打开集烟罩门以前立即打开排烟风机排尽烟气。打开烟箱门，用清洁剂和水清除掉光度计、安全出口标志和玻璃门上的燃烧沉积物，去掉筛子上的残留物或者更换一个筛子进行下一个试验。

按上述步骤进行三次试验。

对于大量滴落的材料，应当在烟箱中引入第二个燃烧器或辅助燃烧器（丙烷气体供给相互独立）。图 6-17 列出了辅助燃烧器的各个组成部分。以不锈钢收集盘替代石棉板收集盘，收集盘呈锥形，从而可在其底部收集到滴落物（图 6-17 中的 11）。辅助燃烧器应当与标准燃烧器同时被点燃，辅助燃烧器在 138kPa 的条件下运行，并且其火焰位置应在收集盘的中心。

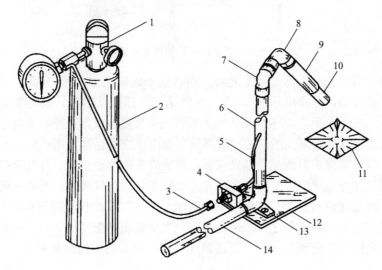

图 6-17　辅助燃烧器

1—低压丙烷气调节阀；2—气瓶；3—混气管；4—铝制托架；5—可弯曲的铜管；6—铜管；
7—45°挤压弯铜管；8—90°挤压弯铜管；9—滑套；10—燃烧器头（同标准燃烧器一样）；
11—收集盘；12—铝制安装板；13—90°固定法兰；14—铜管

参 考 文 献

[1] 国家标准. GB/T 5464—2010 建筑材料不燃性试验方法 [S]. 北京：中国标准出版社，2011.

[2] 国家标准. GB 8624—2012 建筑材料及制品燃烧性能分级 [S]. 北京：中国标准出版社，2013.

[3] 国家标准. GB/T 8625—2005 建筑材料难燃性试验方法 [S]. 北京：中国标准出版社，2005.

[4] 国家标准. GB/T 8626—2007 建筑材料可燃性试验方法 [S]. 北京：中国标准出版社，2008.

[5] 国家标准. GB/T 8627—2007 建筑材料燃烧或分解的烟密度试验方法 [S]. 北京：中国标准出版社，2008.

[6] 国家标准. GB 12441—2005 饰面型防火涂料 [S]. 北京：中国标准出版社，2006.

[7] 国家标准. GB 14907—2002 钢结构防火涂料 [S]. 北京：中国标准出版社，2002.

[8] 国家标准. GB 15763.1—2009 建筑用安全玻璃　第 1 部分：防火玻璃 [S]. 北京：中国标准出版社，2010.

[9] 国家标准. GB 28374—2012 电缆防火涂料 [S]. 北京：中国标准出版社，2012.

[10] 国家标准. GB 28375—2012 混凝土结构防火涂料 [S]. 北京：中国标准出版社，2012.

[11] 国家标准. GB 50016—2014 建筑设计防火规范 [S]. 北京：中国计划出版社，2014.

[12] 石敬炜. 建筑消防工程设计与施工手册 [M]. 北京：化学工业出版社，2013.

[13] 覃文清，李风. 材料表面涂层防火阻燃技术 [M]. 北京：化学工业出版社，2004.

[14] 徐志嫱. 建筑消防工程 [M]. 北京：中国建筑工业出版社，2009.

[15] 伍作鹏，李书田. 建筑材料火灾特性与防火保护 [M]. 北京：中国建材工业出版社，1999.